猫咪

零食制作大全

为猫咪定制营养美味的新鲜零食

姜智凡　李建轩　著

辽宁科学技术出版社

沈 阳

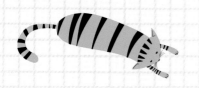

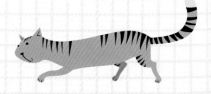

猫咪是我们最亲密的家人！

因为爱，我决定给我的喵星人吃自制健康的零食！
因为爱，我想与我的喵星人共同享受美味的时光！

作·者·序
姜智凡兽医师

每当看到家中的喵星人（猫咪）迫不及待享用你为它准备的食物时，相信你一定也和它一样开心、满足。吃，不论是吃什么，对家中的喵星人来说都是一天中最快乐的时光。在每天数次的欢乐时光中，我们也无形中与这群特别的家人加深了彼此之间的爱。但是该怎么选择合适的食物或该怎么使用这些食物一直是每位喵星人爸妈心中的疑问。

"猫可以吃人吃的食物吗？""它爱挑食，我该怎么办？""我应该喂它几次，每次要喂多少？"这些问题或多或少都曾经出现在喵星人爸妈的心中，然而并没有一个适用于所有猫咪的答案。也就是说，没有一个完美的饮食计划或一个顶级的食物可以解决所有的问题，但是兽医师可以为每一个喵星人找到适合自己的方案。

饲料、罐头、处方饲料或其他食物，例如生食和鲜食让喵星人爸妈眼花缭乱，这么多的选择是他们的幸福也是他们的烦恼。大家在做选择时除了考量自己的经济实力，也考虑到了网络上的推荐与自己的饮食哲学。在各方学者的努力之下，犬猫营养学蓬勃发展，以目前对犬猫营养需求的了解，兽医师可以借此来设计满足个体特殊需求的鲜食食谱。然而设计一份平衡且完整的鲜食食谱满足猫咪每日所需营养并不是一件容易的事，一份2013年发表在美国兽医学期刊的研究分析了200份来自宠物书、宠物博客及其他各种资料的鲜食食谱，其中超过80%的食谱无法提供均衡且完整的营养。虽然参考这些食谱所做出的鲜食作为每日主食可能无法满足犬猫营养所需，但我们还是可以利用鲜食制作零食来丰富喵星人的饮食结构。

为家中心爱的喵星人自制鲜食零食时，别忘了最重要的一大原则："10%规则"（即零食的热量不超过猫咪一天所需热量的10%，详见P.038）在以饲料或罐头为主的每日饮食中加入一些鲜食零食。每天准备一些可以与喵星人分享的鲜食零食，除了贯彻自己的饮食哲学，还要满足爱猫饮食的多样化。在这本书中，我们特别提供了包括计算猫咪每日所需热量、准备鲜食零食的准则与方法，以及选择饲料或罐头等每日主要粮食的原则等相关概念。

每个喵星人都是独一无二的，因此一定要注意它对不同食材的反应。在选择鲜食零食时，也一定要考量喵星人的身体状况，并寻求家庭兽医师的建议。在本书食谱中，我根据不同料理的成分标示出"*兽医师小叮咛"，提醒大家在给喵星人吃自制鲜食零食前，应考量的因素（例如：地瓜富含草酸，因此有草酸钙结石病史的猫咪应避免食用）。

最后，希望这本书可以帮助大家对喵星人的营养有更多的认识。最重要的是，希望大家的宝贝吃得健康、吃得快乐！

姜智凡

作·者·序

史丹利主厨

　　大家好,我是"主厨史丹利",很开心各位喵星人爸妈翻阅这本专为猫咪设计的食谱书!

　　在构想这本书的食谱时,我请教了姜智凡兽医师不少问题,深刻了解到"在制作人吃的东西时可以随性,但在制作宠物吃的鲜食时必须严谨!"调味料的使用、食材的克数、料理方式、食材选用……都不可不慎。

　　宠物吃的鲜食我们可以吃吗? 当然可以! 只是宠物吃的不需要调味,人吃的则可依自己的喜好添加不同的调味品,因此在这本书中,每道料理我都附上"主厨教你　喵星人吃的东西,我们也可以吃",和各位分享与喵星人共享美味的秘诀。

　　秉持热爱创作料理的精神,就算是给喵星人做的食物,我也非常重视摆盘与造型,例如:用圣女果制作迷你可爱的"香料圣女果盅"(P.120),或鱼造型的"玉子烧"(P.086),精致又吸睛! 大家都知道甜点的热量极高,不适合宠物食用,因此构思本书食谱时,我花了不少心思设想如何用绞肉、鱼肉、鸡蛋等食材,变化出外形近似我们常吃的甜点,如蔓越莓乳酪蛋糕(P.100)、蛋黄酥(P.104)等,每一道皆有不同的巧思与创意,希望大家依食谱料理时,也能玩出乐趣、开心下厨!

为心爱的家人做料理是件幸福的事！想当初在为家中3个宝贝制作辅食时，虽然带小孩已经够辛苦了（甜蜜的负担啊），但我还是坚持自制最健康、最安心、最赏心悦目的副食品给他们吃。我相信对各位喵星人爸妈来说，家中的猫咪就像自己的小孩，总想要给它最好的，看它吃得开心，自己内心也同样满足！

基本上，给宠物吃的料理都是"食材简单、步骤简易"，所以这本书也非常适合爸爸妈妈和小朋友一起来做亲子料理，为家中的喵星人共同创造爱的宠物鲜食零食哦！

目录

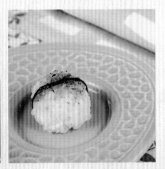

特别收录 主厨不藏私：
猫咪鲜食零食轻松做

第 1 章

专业兽医师贴心解答：
猫咪营养与饮食相关知识

一、我家喵星人到底该吃鲜食还是饲料？

许多喵星人爸妈都希望为家中的喵星人亲手料理鲜食，但又常听说鲜食的营养不及饲料或罐头均衡，到底应该给猫咪吃鲜食还是饲料呢？事实上，鲜食与饲料各有其优缺点。

首先谈谈鲜食，大部分喵星人爸妈想到的是，给家中宝贝新鲜的食物，能减少食品添加剂的摄取，增加猫咪的水分摄取量。在制作鲜食时还可依主人和猫咪的喜好，选择特定的蛋白质来源，享受与猫咪之间的互动，和家中宝贝一起分享自己亲手制作的美食。但是鲜食最大的问题在于不容易达到营养均衡，所谓的"营养均衡"并非增加摄取食物的种类就可以达成。举例来说，利用各种蔬菜，例如：胡萝卜、花椰菜等作为饮食中维生素的来源可能造成几个问题：第一，维生素含量在每一个胡萝卜或每一株花椰菜中不尽相同；不同的种植方法甚至是不同的土壤都可能影响每一份农作物的营养，因此我们将难以估算每日摄取的营养。第二，食材带入饮食中的不只有维生素及矿物质，还有热量。为了提供足量的维生素，猫咪可能需要吃进大量的食物，带来过多的热量，使用全鲜食食谱（whole food approach）的主人常难以在"满足猫咪每日营养摄取"与"提供猫咪适当热量"之间做抉择。另外，猫咪可能也无法吃进这么多的食物，因此完整的鲜食食谱设计通常需要添加营养补充品。此外，鲜食保存时间短，需要每天或者几天就准备一次，忙碌的主人可能较难做到。

再来谈谈饲料，其最大的优点是使用方便且营养成分标示清楚。有信誉的厂商通常依照规范制作饲料，可以提供猫咪完整均衡的营养，针对生病的猫咪也有适当的处方食物可以选择。但即便是使用饲料，喵星人爸妈仍要小心求证，选择良好的厂商，根据包装指示保存和使用。不当的保存方式可能使饲料发霉，产生毒素，或者造成营养流失；不当的喂食（例如：过量喂养）也会造成肥胖等健康问题。因饲料水分含量较少，主人可能会需要多关心猫咪的水分摄取，可利用罐头或流动型饮水机等方式，帮助猫咪多摄取水分。

　　若要选择以鲜食为主食，喵星人爸妈必须先对家中喵星人的健康状况以及相对应的营养需求有充分了解。依照猫咪的需求设计合适的食谱后，必须严格遵照食谱指示准备食物，以保证每日所需的营养。同时必须以2~4周的频率接受兽医师的检查，以确认体重、体况以及整体健康状况。猫咪对于食物质地的偏好也可能影响对食物种类的选择，毕竟若是猫咪不愿意吃，再完美的食谱也没有意义。还不确定家中的喵星人喜欢什么样的食物吗？想要继续保有使用饲料的优点，又想为家中的喵星人增加新菜色？让我们先从制作美味、合适的鲜食零食开始吧！

① 建议成长期的幼猫以饲料为主食

　　自制鲜食常常会有营养不均衡的问题。根据一项2013年发表在美国兽医学期刊上的研究指出，200份来自网络博客和兽医相关书籍的鲜食食谱中，只有5份食谱中的所有营养成分满足美国国家科学研究委员会（NRC，National Research Council）在2003年发表的刊物所建议的犬猫最低营养需求。

　　在这份研究中发现这些食谱最常缺失的营养素依次为：锌（矿物质）、胆碱（类维生素）、铜（矿物质）、多元不饱和脂肪酸（例如：EPA以及DHA）以及钙等其他营养素。值得一提的是，在这些鲜食食谱中通常建议主人以固定的频率替换食材（例如：更换蛋白质来源以及替换不同的蔬菜），而频繁替换食材除了造成肠胃道的负担，也可能因此出现对某些不常见食材的肠胃道反应。更重要的是，通常这些在食谱指示下的替换无法解决一开始的配方具有的缺点，在这些具有不同食材的食谱之间甚至有类似的营养缺失。

根据猫咪的个体差异调配完整且均衡的鲜食食谱并不容易。值得注意的是，比起成年动物，不均衡的鲜食对幼年成长期的动物影响更深远：第一，与饲料相比，一般自制鲜食的热量密度较低.第二，幼年动物体内营养素，例如：钙、磷或是维生素的"库存"有限，在数周的饮食中缺乏必需营养素，就会造成严重后果。举例来说，在鲜食中存在常见的问题，如矿物质缺乏以及钙磷比例不平衡，会影响幼年动物的骨骼发育；然而使用同样鲜食一段时间的成年动物却不容易出现这些问题，那是因为一般健康成年动物身上有足够的"库存"可以补充使用不均衡或不完整的鲜食所缺乏的营养素。

若要给予家中猫咪鲜食，建议饲主寻求经过兽医营养专科学会认证的营养专科兽医师的帮助，帮你的动物量身定做适合的鲜食。

②饲料与罐头的安全性

经历过往的宠物食品安全风暴后，许多毛小孩爸妈对于饲料与罐头有疑虑，因为"不相信粮商与其产品"而选择了鲜食或生食。饲料或罐头产品因为各种各样的问题而被厂商召回的例子并不少见，但也正是因为粮商不间断地监控产品品质，才能发现产品的问题并在出现问题时将其召回，食品供应商因为受到相关规范的约束以及商业竞争的需求，必须具备犬猫营养科学的知识与技术，时时自我监督与进步。

美国饲料管理协会（AAFCO, The Association of American Feed Control Officials）提供相当多的准则以帮助美国相关部门规范饲料等宠物食品。这些准则是调配宠物食品的基本门槛。而只有满足这些准则的产品并维持产品稳定品质的粮商才能给消费者提供基本的保障，他们生产的产品才可以满足我们对宠物食品的基本要求。目前中国台湾立法机关对于市售商业化的鲜食规范并不明确；而在西方国家也曾出现生食因为含有过量致病生菌而被召回的事件，所以必须注意生食的安全性。对于商品化的食物，无论是饲料、罐头、零食或者其他食品种类，都需要喵星人爸妈多加比较与注意。

【饲料、鲜食与罐头的保存与其他特点】

饲料：经过高温、高压处理，在此过程中虽然可以消灭食物里致病的微生物并减少内含水分增加保存时间，但也可能因为高温、高压的过程产生梅纳反应（Maillard reaction），导致某些营养素变得不易被肠胃吸收。

鲜食：因为含水量较高且没有添加其他的添加剂或防腐剂，所以鲜食的保存时间较短。喵星人爸妈可以每天制作鲜食，也可以一次制作2~3天的量，放在冰箱的冷冻室。鲜食的另一个优点是"动物对鲜食的消化利用率较高"，所以你会发现猫咪吃了鲜食之后，粪便量会变少。那是因为这些食物更容易被吸收利用。鲜食中较高的含水量也会让猫咪的排尿量上升。因为鲜食可以给予猫咪额外的水分，所以使用鲜食的猫咪可能会减少主动喝水的行为。

罐头：同样含有较高的水分，罐头比鲜食又多了高温、高压处理的过程，而经过这样的处理之后食物经过灭菌，可以放得比较久。但是一旦打开罐头之后还是需要放在冰箱保存并尽快食用完毕，以免变质。

③关于饲料、罐头、鲜食的Q&A

 饲料或罐头是不是会加很多添加剂？

 市面上的饲料和罐头会添加抗菌剂（通常是一些有机酸）以及抗氧化物（例如：维生素E、维生素C等物质）。以美国生产的商品粮为例，在美国出售的宠物食品内含的添加剂必须遵守食品添加剂规范，并合乎AAFCO和食品药物管理局（FDA，Food and Drug Administration）建立的规范。这些合乎标准的添加剂会被列入"安全添加剂（GRAS，Generally Recognized As Safe）表单"中，而只有列入表单内的添加剂才可以被加入宠物食品中。由于这些添加剂在食品内的含量有限，对大部分动物并不会有影响，但少部分动物可能因为个体差异而对这些添加剂有不良反应。

 如何判断饲料的成分是否均衡、品质好坏？

 为家中的喵星人购买饲料时，你会考量什么呢？CP值、包装与广告吸引人的程度、自己的偏好等因素，是一般的喵星人爸妈在选择饲料或罐头的出发点。然而从兽医师的立场出发，除了选择满足动物个体偏好的产品外，我们会以粮商对其产品品质的监管以及该产品是否满足动物所需营养来选择饲料。

Q3　给予鲜食应注意什么？

1.避免反复加热

反复加热鲜食容易造成营养流失。如果猫咪每日主要热量来源是经过设计并提供均衡完整营养的鲜食，但又无法每日现做，建议一次做2~3天份的鲜食，一份放在冰箱冷藏室，其余的则放在冷冻室，使用前再退冰、加热就可以！

2.放凉再加营养补充品

喵星人爸妈请注意，热腾腾的自制鲜食煮完后，千万别急着马上喂家中的喵星人！若需在食物中添加营养补充品，**鲜食加热之后应在室温放凉，直到放在手背皮肤也不感觉烫时再加入营养补充品**。因为有些营养补充品的成分（例如：部分维生素及氨基酸）可能会在反复加热的过程中被破坏。所以放凉之后再添加营养补充品，除了能避免烫伤猫咪的口舌，也能减少破坏营养素的机会。

Q4　猫咪的挑食问题

许多人常会有"猫咪会不会吃了一次鲜食，之后就有挑食的问题，不愿再吃饲料？"的疑虑。事实上，因为动物的个体差异，这里并没有绝对的答案，猫咪通常对食物的质地有特殊的偏好，从小吃饲料长大的猫咪可能对鲜食毫无兴趣，反之亦然。但是总有特例，像我的猫咪从小吃鲜食长大，然而自从让它尝试饲料之后，它对于味道较重的饲料特别喜欢。

在我的经验中，有些动物必须要使用经过设计的鲜食来控制疾病，在一段时间内密集食用鲜食，大部分的动物在病情稳定后还是可以顺利转换回以饲料为主食的生活的。如果猫咪挑食，饲主可以从进食的行为、节律来进行调整，这些与动物行为有关的问题大部分是可以控制、调整的，只是需要主人的决心与配合，建议主人有这方面的疑问时可和兽医师讨论。

Q5 食物处理得越细小，猫咪吃进去会越好吸收？

 食物的大小和吸收并不是成正比的关系，但过大的食物可能增加进食时被噎到的风险，只要猫咪不被鲜食的食物颗粒噎到，都可以算是合适的颗粒大小。动物如果没有特殊偏好或需求，并不需要特别切很细碎或将食物磨成泥。在某些情况下，例如：动物必须经由食道胃管进食，食物才需要磨得更碎以避免管道堵塞。通常在这种情况下需要咨询兽医师意见，选择适合的商品化处方粮。不过猫咪在老年时因为肌肉萎缩或是口腔疾病等问题影响进食的能力，将食物磨成泥确实可以帮助解决进食的问题。

以饲料颗粒来说，咀嚼可以增加饲料颗粒与牙齿之间的摩擦，因此带有些许口腔清洁的能力。幼猫在牙齿长出来之后，可以从大小适中、泡软的饲料开始，除了帮助它们促进咬肌的发育，还可以使乳牙换成恒齿的过程更顺利。建议喵星人爸妈使用对幼猫营养照护较为完整的饲料作为成长期幼猫每日营养来源。

Q6　猫咪吃生食有哪些风险？

"我可以让我家猫咪吃生食吗？"这是一个不论在网络上还是在各大宠物社团里以及临床兽医师常常见到的问题。制造生食的厂商常宣传生食是宠物的超级食物，容易消化且营养丰富，推广生食的人也认为生食是猫祖先的主食，所以是最适合猫的营养来源。但从兽医师的角度来说，生食不但会对动物本身造成危险，也可能危害动物周边人员的健康。建议避免给予生食，主要原因有以下两个。

1.公共卫生的隐忧

最近常常听到许多制造生食的粮商产品因为生菌数过高而被召回，这些产品被验出含有超量的李斯特菌或沙门氏菌等人畜共通的致病菌。健康动物吃进这些含菌的生食后，依照动物的健康状况，可能毫无异状或出现轻微的消化道问题。然而曾经吃过染菌生食的动物，可以在接下来的数周到数个月之间不断排放出这些致病细菌，造成家中甚至是动物医院等公共空间的污染，影响周围的人类（例如：免疫功能低下者、孕妇及幼儿）与其他动物的健康。所以我常向喵星人爸妈强调——只有食物中的致病微生物被完全消灭，才是安全食物。

2.目前并无证据支持"生食优于其他饮食选择"的立论

生食与煮熟的食物在营养成分上并无显著区别。如果希望可以利用饮食鼓励水分摄取，鲜食或罐头都是比生食安全的方式。如果担心梅纳反应对营养吸收效率的影响，水煮或是清蒸都可以减少梅纳反应的发生率。对于烹调食物的最低温度可以参考美国FDA提供的建议：烹调肉品时如果可以达到核心温度74℃以上，就可以安心食用。目前我们没有强力的科学根据能够证明生食优于罐头、饲料甚至是鲜食。

【 打破生食好处的误区 】

喵星人爸妈是否常看到一些主张生食优点的广告而深深被吸引呢？这些广告多会传达"吃了生食的动物毛发会变得更漂亮""因为是生肉所以可以从食物中获得更多水分，对猫咪的肾脏健康相当有帮助"等概念，甚至有些广告主张生食是猫咪的祖先所食用的最原始食物，因此符合猫最自然的生理需求。这些吸引人的营销手法其实内含人类对动物营养学的迷思。

接下来，就让我们一起探讨关于许多人对生食常有的两大误区吧！

误区一：猫咪吃了生食，皮毛更亮丽？

为什么吃了生食的动物皮毛更亮？首先，高蛋白质与高脂肪可能是主要的原因。一般出现在市场上的生食产品多为以肉类等蛋白质为主的配方，部分产品甚至是纯肉。其次，在这样的配方内，偏高的蛋白质对皮肤与皮毛（毛发具有60%~95%的蛋白质）的健康有正面效果，而高脂肪也提供了各种必需脂肪酸维持皮毛光泽与皮肤健康。当每日的饮食含有较高的脂肪与蛋白质时，的确可以让猫咪的皮毛变得更漂亮，但煮熟的鲜食或营养成分相近的食物也可以达到相似的效果，所以皮毛亮丽和吃生食本身无绝对关系。

误区二：生食所提供的营养才能最自然地满足猫的营养需求？

　　在野生动物节目中常看到野外的狮群在有一餐没一餐地吃猎物的肉，也许会想到自己家中的猫咪应该要追随祖先以生食为食，但事实真是如此吗？第一，在人类与猫咪共同演化的过程中，猫咪的消化系统对煮熟食物的利用率与对生食的利用率已经没有差异。第二，生食并不帮助这些野外生活的动物延年益寿，在自然环境中以生食为主食的动物其实冒了非常多的风险，这些风险包括牙齿断裂、传染病以及各种消化道疾病。第三，我们准备的生食并无法完全模拟真正的野外环境。野生猫科动物食用的生食包含猎物的内脏以及肠胃道内容物以满足必需维生素与其他蛋白质以外的营养。然而这些内脏来源的组织富含磷、普林（Purine，动物细胞核中常见的化合物）以及铜离子，因此并不适合有肾脏疾病、特殊泌尿道结石或肝脏疾病的猫咪。

　　最重要的是，许多广告商推广，生食是最符合猫咪生理机能的食物，但是目前并没有完整的科学研究或相关证据可以证明生食优于煮熟的鲜食或在严格监管下制作的商品粮。

二、认识猫咪所需的营养素

 ① 猫咪所需的基本营养素

　　猫咪所需要的营养素其实和其他动物所需要的营养素相似，除了提供热量的蛋白质、脂肪、碳水化合物之外，维生素、矿物质及最重要的水，都是每日不可或缺的营养来源。

【 提供热量的三大营养素 】

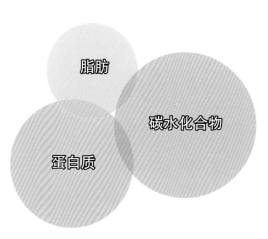

　　食物的热量主要来自蛋白质、脂肪、碳水化合物这三大营养素。这三者的互动影响了我们对于特殊疾病营养照护的饮食选择。任何对这些营养素比例的改动都会影响饮食的特性，牵一发而动全身。举例来说，为了减少肾脏病动物的蛋白质摄取，势必要提升脂肪与碳水化合物的比例以满足动物所需的热量。对于同时有脂肪代谢疾病的肾脏病动物来说，则必须大量增加饮食中碳水化合物的含量才能满足热量需求。

所需营养素1：蛋白质

在一般的饲料中，动物的骨骼肌常作为主要的蛋白质来源。这些来自骨骼肌的蛋白质大多有近似的氨基酸组成，在不考虑某些个体对特定蛋白质可能产生过敏反应的情况下，并没有特定肉类优于其他选择的情况。

通常动物蛋白质（例如：肉类）会优于植物蛋白质，因为植物蛋白质缺少部分猫咪所需的氨基酸，例如：精氨酸（arginine）与牛磺酸（taurine）。除了这些氨基酸在植物蛋白质中的含量比较少，植物栽种方式与生长条件也会影响植物蛋白质含量，造成其氨基酸组成无法预测的问题，所以一般情况下我们会推荐动物蛋白质。

在动物蛋白质中，"鸡蛋"的氨基酸组成是最完整的，而且非常容易消化。鸡蛋中含有的蛋白质是生物可利用率非常高的一种蛋白质，不过需特别注意过量摄取蛋黄可能会有维生素A过量的问题。在调整饮食中的蛋白质含量时需要注意猫咪是否有特殊疾病，例如：肾脏病、肝脏疾病等。

所需营养素2：脂肪

每克脂肪在饮食中可提供接近9kcal（1kcal=4.18kJ）的热量，所以是一般宠物食品重要的热量来源。对猫咪而言，摄取脂肪是为了满足"必需脂肪酸"以及帮助吸收脂溶性维生素的需求，因此每日脂肪的摄取量并没有限制。然而对于肥胖或有糖尿病的猫咪，我们需要多多注意饮食中的脂肪含量。

脂肪除了与皮毛光泽和皮肤健康都有关，其中的必需脂肪酸还与神经发育以及调节免疫系统有关。亚麻油酸（linoleic acid）是猫咪都需要的一个必需脂肪酸，亚麻油酸可以从陆生植物（如玉米）或是陆生禽类（如鸡肉）的脂肪中获取。其他的必需脂肪酸还包括鱼油里的DHA，DHA与新生动物的神经系统发育相关。

所需营养素3：碳水化合物

碳水化合物中的膳食纤维除了可以增加饱腹感，也可以帮助肠胃蠕动、促进肠胃道健康。

饮食中的热量来源为蛋白质、脂肪与碳水化合物。当我们需要靠调整蛋白质或脂肪的含量控制疾病时，为了满足热量需求便会调整碳水化合物的量。举例来说，当我们必须限制食物中的脂肪和蛋白质以支持肾脏疾病时，我们便需要提高饮食中碳水化合物的含量来满足每日热量所需。

所需营养素4：维生素

维生素对细胞代谢相当重要，而猫咪的必需维生素与人类所需的维生素有些不同。举例来说，维生素B_2、烟碱酸与维生素B_6等B族维生素与糖类以及脂肪能量代谢有关，而B族维生素的成员大多为猫咪的必需维生素。硫胺素（thiamin）为猫咪必需的维生素之一，当这个水溶性维生素发生急性缺乏时猫咪可能会出现中枢神经症状，淡水鱼组织含有的硫胺素酶（thiaminase）可能会破坏食物中的硫胺素，因此切勿生食淡水鱼。

对猫咪来说，因为皮肤受到光照产生的代谢反应不同于人类，所以猫咪无法像我们一样经由日晒获得足够的维生素D。另外，由于猫咪可在肝脏利用葡萄糖合成维生素C，因此不需要额外补充。值得一提的是维生素C是草酸的前驱物，有草酸钙结石病史的动物需多加注意。

所需营养素5：矿物质

矿物质也是猫咪重要的营养素。最常见的钾与钠影响了神经细胞的传导、细胞内液体与细胞外液体的比例，而钙与磷也与幼年动物的成长相关。举例来说，饮食中不平衡的钙磷比可能在幼年动物中造成营养性骨病。使用满足AAFCO成长期幼猫营养需求建议的商品粮可以安全有效地满足成长期的需求。

虽然磷对肾脏的伤害还有待更多研究支持，但是有肾脏病的动物需尽量避免吃富含磷的食物（通常含有大量动物内脏的食物有较高的磷）。

【猫咪吃东西的目的在于摄取热量，而非追求美味！】

猫咪吃东西主要是为了满足热量需求，以维持生命活动，享受美味反而是其次。然而动物对食物还是会有特殊的偏好，如同人类，有些人可能比较喜欢软的食物。我们常见到从小吃饲料长大的猫咪对饲料有特殊偏好。猫咪对食物的质地常有特殊的坚持，这可能限制了我们选择食物的方向，所以让猫咪接触不同质地的食物可以增加日后可食用的食物种类。

②不同阶段猫咪所需的营养素

市面上流通的饲料通常依年龄分成幼猫、成年猫、高龄猫等不同阶段。另外常见的还有依健康状态设计的特殊配方，例如：体重控制，针对这些生命阶段与特殊需求设计的饲料各有差异，以下分别向大家概略介绍这些饲料的特色。

幼猫与成年猫

对于成长期幼猫来说，除了饮食需要提供足够的热量以及必需脂肪酸、必需氨基酸和维生素、矿物质以外，为了避免骨关节发育异常，我们还需要特别注意饮食中钙磷的比例。

根据AAFCO提供的建议，成长期幼猫的饮食中钙磷比例在1:1~1.5:1之间。除此之外，商品化的成长期幼年动物的饮食热量密度通常高于一般成年动物的饮食热量密度。

不论在哪个生命阶段，氨基酸、维生素以及脂肪酸都是饮食中不可或缺的元素。不同于幼猫，成猫的肝脏提供了部分维生素B、脂溶性维生素以及糖类的库存；成年猫的骨骼提供了矿物质的库存。因为有这些库存，完成生长发育的成年猫对于短时间不均衡的饮食有相当的耐受性。品质优良的维持期商品粮（maintenance diet）或完整且均衡的鲜食食谱对于这个生命阶段的猫咪都是合宜的选择。

高龄猫

对高龄猫来说，需要注意通常伴随器官退化造成的疾病，因此饮食需求依个体而异。另外，高龄猫肠胃道吸收利用脂肪与蛋白质的能力下降，因此高龄猫的饮食原则为提供好吸收、好消化的食物。对于不同的个体需求，建议可以咨询兽医师。

体重控制

控制体重使用的粮食通常具备以下特点：❶相对于其他商品粮，在同样重量下有较少的热量。❷较低的脂肪含量。❸与同样热量的其他粮食比较有相对高的营养素浓度及相对高的蛋白质含量。❹与同样热量的其他粮食比较有较高的纤维含量。

 ## ③用公式算出猫咪一天所需的热量和水分

通过静止能量需求（RER，Resting Energy Requirements）公式，我们可以用猫咪体重（kg）算出每天所需的热量（kcal/日）以及水分（mL/日）需求。此公式是用于计算处于休息状态的健康动物在环境温度适中时所需要的热量。RER公式的计算方式如下：

$$\text{RER} = 70 \times [\text{体重（kg）}]^{0.75}$$

计算每日基本活动的热量需求时，我们必须考量维持能量需求（MER，Maintenance Energy Requirements）。在计算MER时必须利用到依据动物生理状况决定的系数以及RER。举例来说，未绝育的5kg猫咪的RER为$70 \times (5)^{0.75} = 234$ kcal/日，而其MER = RER × 系数= 234 × 1.4 = 327.6 kcal/日。

猫咪的生命状态	系数
未绝育	1.4
绝育	1.2
控制体重	0.8~1.0 （请参考兽医师的建议，选择合适的减重计划）

【猫的"每日摄取热量占每日所需热量百分比"的分布图】

　　在实验室的环境中，研究人员在比较"利用公式计算出的热量需求"与"实验环境下所得的实际热量需求"后，发现每个个体对能量的需求呈现常态分布的差异。近50%的动物呈现多于公式计算出的高热量需求，而也有近50%的动物呈现不同程度的低热量需求。只有定时追踪健康状况才能靠着不断修正饮食计划来满足每个个体独特的需求。

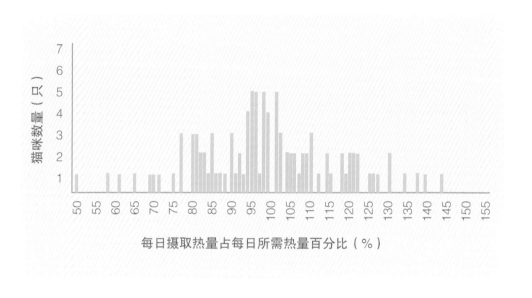

每日摄取热量占每日所需热量百分比（%）

　　水分方面，我们用公式算出来的热量，只要把热量的单位千卡换成毫升，即为每天所需的水分。必须注意的是，计算出的每日饮水量是估计值，气温、动物活动量以及动物主食的种类都可能影响每日的水分需求。

　　兽医师在理学检查时会利用体况评分指标（BCS，Body Condition Score）记录动物的体态，作为营养状态和健康的评判参考。以下提供"体况评分表"，它可以帮助我们在日常生活中评估动物体态，除了可以即时监控体态变化，也可以借此更加了解它的健康状况。体况评分表还可以帮助兽医师调整动物每日摄取的热量。

【体况评分表】

分数	说明	图示
1	可明显看到肋骨、腰椎及骨盆的棱角。无可触诊的体脂肪。	
2	可见肋骨、腰椎及骨盆的棱角。无触诊的体脂肪。小腹紧缩。骨骼肌量略微减少。	
3	因为无多余脂肪，在触诊时可轻易摸到肋骨，视诊可见肋骨及部分腰椎与骨盆棱角。腰线明显且小腹紧缩。	
4	可隔着少量脂肪轻易触诊肋骨，腰线明显。从侧面可见收紧的小腹。无腹部脂肪堆积。	
5	可隔着适量脂肪触诊肋骨，腰线明显。从侧面可见紧缩的小腹。少量腹部脂肪堆积。	
6	可隔着稍多的脂肪触诊肋骨，腰线可见但不明显。	
7	皮下脂肪堆积造成需要用力加压才能触诊肋骨。腹围圆润，腰线不可见。部分脂肪堆积于腹部。	
8	因为肋骨外脂肪量增加造成触诊困难。腹围圆润，腰线不可见。大量脂肪堆积于腹部。可见脂肪堆积于后半身与腰际。	
9	大量的皮下脂肪堆积在胸廓、腰际与脸以及四肢。腰线不可见。大量脂肪堆积于腹部，小腹突出。	

过瘦：1、2、3、4

理想：5

过胖：6、7、8、9

④ 关于猫咪的肥胖问题Q&A

对猫咪来说，什么算是"肥胖"呢？当摄取的热量高于所需的热量，这些热量就会开始以其他形式堆积在猫咪身上。脂肪是一个最常见的形式，额外的体脂肪带来的不只是圆滚滚的外形，也可能带来各种病痛。

通常我们以体况评分指标（BCS，Body Condition Score）来定义肥胖，在这个指标中，评分为5分的猫被视为是理想体态，而9分是肥胖，1分是病态消瘦。参考宠物肥胖防治协会（APOP，Association for Pet Obesity Prevention）利用2017年临床调查所做出的报告，在美国有60%的猫被兽医师归类为过重（BCS为6分或7分）或是肥胖（BCS为8分或9分）。就像人类的肥胖问题，动物的肥胖在发达国家和发展中国家有越来越严重的趋势。

Q1　肥胖的猫咪会有哪些问题？

脂肪细胞除了会分泌打乱内分泌平衡的激素，也会在其周边产生炎症反应，这些问题都与猫咪肥胖息息相关。脂肪细胞分泌的激素影响胰岛素的分泌，因此影响正常的细胞代谢。而脂肪细胞内富含的脂肪酸是炎症反应物质主要的前驱物，这些炎症反应与内分泌异常、心血管疾病和高脂血症都相关。

除此之外，动物身上额外的脂肪细胞可能造成全身关节的额外负担，这些负担加上脂肪引起的炎症反应物质就会让骨关节疾病等各种与炎症反应有关的病痛一发不可收拾。

Q2　造成肥胖的原因有哪些？

在讨论解决肥胖问题的方法之前，必须先谈谈造成猫咪肥胖的原因。肥胖是一个多因子的问题，除了单纯摄取过多热量（过多摄入高热量的食物）外，热量需求（例如：绝育后生理机能改变）、生活形态改变等也都可能与动物的肥胖问题有关。

大部分猫咪的生活状态是足不出户，因此食物对体态的影响甚巨。食用高脂肪含量的食物（例如：部分无谷粮）以及任食放养的猫咪较容易有肥胖的问题。另外主人对猫咪行为的误解有时候也是一个风险因子，猫咪到主人身边撒娇的行为常被解读为"我想吃零食"，久而久之，猫咪开始意识到走到主人旁边就有东西可以吃这样的想法，也因此越吃越胖。比起处理肥胖问题，"预防肥胖"是每个主人更容易完成的任务，特别是猫咪的肥胖相当难处理。除了了解猫咪的每日热量所需以外，时时关注它的体重与活动量也相当重要。如果发现家中猫咪是高风险族群（已绝育或是患有特殊疾病等），建议咨询兽医师并选择合适的控制体重策略。

Q3　猫咪的减重该如何进行？

一旦动物已经被诊断为体重过重以及肥胖，着手处理肥胖问题便成为当务之急。一般的减重计划中不可或缺的3件事就是：❶主人的信心与决心。❷兽医师与主人的沟通。❸准确计算动物每日所需热量。

我们可以用每2~3周的频率不断地记录猫咪的体重，希望猫咪以每周降低0.5%~1%体重的速率安全减重。这个过程相当漫长且难熬，然而如果减重速率过快，除了会对猫咪身体造成负担，也会过度减去肌肉。在发现动物有肥胖问题时，要尽快与熟悉的兽医师联系并妥善规划合适的减重计划。

三、猫咪的饮食习性与挑食问题

①关于猫咪的饮食习性与饮水需求

猫咪喜欢富含"血肉"气息的食物，更准确地说，猫咪喜欢氨基酸的味道，咸的食物、酸的食物都属于猫咪喜欢的食物。当然，不同的猫咪有个体差异，所以这并非绝对，但适量的"鲜"味可以让猫咪对食物更感兴趣。

除了刺激食欲，这些策略也可以应用在喵星人爸妈的百年难题——鼓励喵星人喝水上。因为演化、自身耐受度等很多的原因，猫咪习惯了不太需要主动喝水的生活方式。这当然也是市面上的罐头食品或鲜食食品受到喵星人爸妈注意的最主要原因，因为可以借由进食而增加饮水量来保护猫咪脆弱的肾脏。

比起人类与狗，猫咪的肾脏内每单位的肾元（肾脏具功能的单位）数量是最少的。为了鼓励猫咪喝水，建议可以利用各种加味水，像无调味的鸡汤和无调味的鱼汤都可以在饮用水中加味，但使用此类加味水时需注意不要久放。猫喷泉和流动的自来水也都是合适的方法。

针对不同猫咪的个性，各位喵星人爸妈也可以设计不同的方式甚至是游戏帮助它饮水。例如：在水中放冰块。冰块是一个不错的零食，特别是在夏天时可以鼓励猫咪喝水。需要注意的是，任何的添加剂都可能带有热量。若正在帮家中的猫咪进行热量控制计划，则必须小心来自这些添加剂的热量。

②关于猫咪的挑食问题

挑食是很多喵星人爸妈烦恼的问题，但在认定猫咪挑食前，我们必须先确定它有没有任何身体不适，有时不愿意进食或只挑喜欢的东西吃是因为疾病正在发生，食欲变差是身体不适最常见的症状之一。所以在处理挑食问题之前，一定要先弄清猫咪食欲不佳的真正原因。

对比平常的食量与一切生活起居状况并与兽医师讨论，如果确定猫咪没有健康问题，只是单纯偏好某些特定的食物，我们便可以试着解决挑食问题。举例来说，烘烤加热以增加干粮的香气或是加入一些猫咪喜欢的零食，都可能让猫咪更喜欢碗中的食物。

除了对食物的偏好，猫咪很敏感，任何变化都可能影响它们的食欲，不干净的碗、不新鲜的食物（开封过久的干粮）、突然改变的食物品种，甚至是变化的生活空间（食碗被移到猫砂盆旁边、家中摆设变化、搬家）都可能让猫咪食欲变差，需要喵星人爸妈多加留心调整。

大部分的猫咪习惯一整天少量多餐而非定时定量，这可能让喵星人爸妈难以捉摸猫咪的食欲，我们可以定量每日总分量，然后以24小时的间隔计算剩余干粮的克数，估计猫咪的进食状况。猫咪很会隐藏自己的不舒服，请各位喵星人爸妈一定要多多注意猫咪生活上的细微变化。

③喵星人爸妈最想知道的猫咪饮食习性Q&A

 人吃的食物可以给猫咪吃吗？

 基本上，给予鲜食就是把人吃的食物给猫咪吃，但食材、调味、烹调方式却大不同。人吃的某些食物不能给猫咪吃，例如：洋葱、大蒜，这些食材中的硫化物会造成溶血；葡萄和葡萄干里的化学物质（酚类）会造成急性的肾衰竭；巧克力或咖啡的可可碱，不但有心毒性，也会造成神经性疾病的症状。另外其他具有咖啡因的食物（如提神饮料、咖啡以及茶）甚至是酒精都应避免。

洋葱和大蒜

葡萄
和葡萄干

巧克力和咖啡

有些食物对猫咪没有致命的危险，但需要注意摄取的量。例如：牛奶，大部分的成年动物缺少对应的酵素所以代谢乳糖的能力很差，因此大量摄取可能造成腹泻；酪梨含有酪梨醇，对鸟及反刍动物具有危险的毒性，但对猫咪则影响不大。须注意的是若猫咪吃太多酪梨还可能会有腹泻的问题。

在给吃零食时，**我们不希望来自零食的热量超过猫咪一天热量所需的10%，**以避免造成营养不均衡的问题。例如：苹果虽然富含维生素A、维生素C、糖类及蛋白质，但并没办法满足每日的营养需求，所以我们不希望因为给予过多的苹果或其他零食而减少猫咪从每日主食中获得的营养。

猫咪为何不能吃素？

 有些人为自己的动物准备鲜食是为了贯彻他们的饮食哲学，然而为何我们不建议猫咪吃素？2015年的一项研究分析了24项素食商品粮，发现大部分的产品并没有满足AAFCO的规范，而且这些素食产品通常缺乏维生素A、维生素D、维生素B_{12}、必需脂肪酸及矿物质。因为这些食物的原料为植物，而这些植物的产地或耕作方式（例如：肥料使用），都会影响到植物的蛋白质含量。

此外，植物蛋白质通常没有精氨酸（Arginine），而精氨酸是猫咪的必需氨基酸，需要通过含有动物蛋白质的食物取得，长期缺乏精氨酸可能会出现氨基酸代谢异常造成的神经症状，必须特别注意。因此，吃素并不适合猫咪。

猫咪一天到底要吃几餐？

对于不同的喵星人来说，一天应该吃几餐其实并没有一定的答案，最主要还是须考量家中猫咪的饮食习惯与毛小孩爸妈的方便性。除了常见的自由饮食制以外，把每天的热量平均分配为2~3餐也是一个选择。

四、自制鲜食零食知多少

 ① 自制鲜食零食的好处

越来越多的喵星人爸妈选择为心爱的喵星人制作鲜食。在这本书中，我们强调"没有百分百完美适用于所有猫咪的鲜食食谱，但喵星人爸妈可以利用鲜食作为零食来增加毛小孩的饮食变化"。自制鲜食零食有以下几项优点：

1 不含防腐剂、添加剂，来源更安心。

2 可依动物的需求制作，例如：家中猫咪有肾脏的问题，可制作蛋白质和磷含量比较低的零食。

3 增加饮食的多样性。

4 增进主人与动物的关系。

②自制鲜食零食的注意事项

　　猫咪吃的鲜食和我们给婴儿吃的辅食相似，有许多细节需要注意，且在食材选择、热量评估上，也都须特别注意！自制鲜食零食时须注意以下事项：

1 肉类一定要煮熟。

2 蔬菜一定要洗净，尽量煮熟后食用。

3 避免食用不适合猫的食材（例如：巧克力、葡萄等）。

4 避免太复杂的食物，食材以新鲜、单纯为主。

5 制作过程中注意卫生问题。

6 建议记录食物内容和给予的量，若猫咪产生对食材的不良反应，可以作为兽医师诊断和未来食物选择的参考。

 ③自制鲜食零食的保存方式

　　喵星人爸妈平日生活忙碌，可能无法每日亲手做鲜食，在自制鲜食零食时，除了现煮，也可以冷冻及冷藏保存：

1 **现煮：** 建议制作时使用现买食材，现买现煮，不要久放。

2 **冷冻及冷藏：** 一次不宜制作太大的量，建议可以准备3~5天的量，将2~4天的零食冷冻，1天的冷藏。

④给予自制鲜食零食的限制

给猫咪吃鲜食零食的频率并没有限制，主要的限制是"来自零食的热量"（即前面P.038提到的，不可超过一天所需热量的10%）。从猫咪的角度来说，给予零食的频率当然越频繁越好。只要注意热量不超标、饮食禁忌与个体差异的大原则，各位主人都可以发挥自己的想象力准备猫咪的鲜食零食。

【 不同时机给予喵星人鲜食零食的好处 】👍

❶ 能够增加日常饮食的丰富性

猫咪对食物的质地常常有些偏好，喵星人爸妈可根据特性选择特定商品并可以稳定持续地使用，但这种对特定食物的偏好可能限制了对食物的选择。当猫咪生病时，可能需要使用处方粮，有些吃惯干粮的猫咪可能无法接受处方罐头或其他湿食的质地，造成能选择的食物种类减少，影响疾病的控制。平时让猫咪接触不同的食物可以增加它们未来对不同质地食物的接受度。

❷ 能增加与猫咪之间的互动

零食时间有多快乐在此就不赘述了。在享受与猫咪的互动之后不要忘记每日零食的热量限制，避免太多的热量来自零食！

❸ 自由给予

如前所述，只要热量在10%以下，喵星人爸妈就可以发挥自己的想象力给予喵星人更健康的食物并以此发现它的特殊偏好。

五、关于猫咪的口腔卫生

①猫咪的牙齿看起来跟人类不太一样!

人有臼齿,可以把食物磨碎,但猫咪主要是利用像剪刀一样的上下前臼齿与臼齿来将食物切成适当的大小,以利吞咽。因为猫咪的牙齿形状与排列方式不同于人类,所以有着与人类不太一样的咀嚼方式。大部分猫咪在吃饭过程中的咀嚼是为了将食物磨碎、方便进食。

猫咪并不容易出现蛀牙,但牙周疾病却相当常见。养成洁牙的习惯可以帮助猫咪维持口腔健康并减少牙周疾病的发生率。

②最好让猫咪从幼猫阶段就养成洁牙的习惯

从幼猫阶段就养成洁牙习惯,有以下几项好处。第一,和训练成猫相比,训练幼猫的过程对主人以及猫咪都比较轻松。第二,在幼猫换牙过程中,如果适当刺激它的牙龈(清洁牙龈的动作、吃干粮),可以帮助它换牙。

训练幼猫接受牙龈清洁时,尽量避免太夸张的肢体动作,让整个过程像做游戏一样地进行。尝试把手放进幼猫嘴里抚摸靠近口唇的牙龈与牙齿交界处,让它慢慢习惯手指在按摩牙龈的感觉,可以用零食作为鼓励并帮助训练。当它习惯后,可以继续使用沾湿的软布或是特殊设计的迷你牙刷帮它洁牙。

如果是让成年猫练习洁牙，同样必须温柔并避免任何强迫与不舒服，循序渐进地让猫咪感受软布的摩擦。根据不同猫咪对零食的喜好，有时也可以用零食帮助整个训练过程的进行。

洁牙的重点是借由物理性的摩擦动作，减少牙菌斑堆积，并增进齿龈健康。如果猫咪已经有严重的牙结石或牙周疾病，洁牙并不能解决这些问题，还是需要请兽医师进行全身麻醉的齿龈清洁术，也就是常说的"洗牙"。猫咪洗牙时需全身麻醉，对于不同健康状态的动物有不同的风险，应先与兽医师仔细沟通评估。虽然洗牙有风险，但这是对抗已存在的牙结石与处理摇摇欲坠的牙齿最好的方法。在进行齿龈清洁术的同时，兽医师也可以利用齿科X光以及进阶齿科检查建立专属的齿科病历。

洗牙之后，我们还是需要靠洁牙或其他居家口腔清洁方法维持猫咪的口腔健康，因此训练猫咪养成洁牙习惯是一个相当重要的口腔护理过程。如果对训练猫咪洁牙有所疑惑，也可以请教熟悉的兽医师。

此外，正常的洁牙通常不会流血，如果很容易就流血，要注意洁牙的方式是否有问题，或者存在口腔疾病。如果猫咪不愿意吃东西、口腔出现异味或者比平常更不愿意被触碰口鼻周边，都可能是生病的征兆，应就医检查，进一步评估。

有些猫咪的牙周疾病可能与传染疾病或其他正在进行的疾病有关，洁牙并不能解决这些问题，建议咨询兽医师并进行仔细评估。

③洁牙零食知多少

市面上有一些洁牙饼干等零食，可供毛小孩爸妈选择。在购买洁牙商品时（包括牙膏、洁牙零食、有洁牙功能的干粮），建议找寻包装上具有VOHC（Veterinary Oral Health Council）标识的产品，因为兽医口腔健康协会所认证的洁牙产品，具有一定的公信力以及科学根据，能支持该商品维持口腔健康的效果。

需要注意的是，洁牙零食也有热量，有些洁牙商品还含有抑菌成分以及色素等添加物，对于这些添加剂，每个个体使用后的反应也不一样。所以购买时除了须认明VOHC的标识，还要选择一种适合家中猫咪的洁牙产品。

 ④干饲料对猫咪牙齿的正面效果

建议幼猫从第三周龄起可以开始吃一些泡软的干饲料，随着牙齿生长渐渐转换成幼猫干饲料。干饲料可以刺激牙龈、帮助咬肌发育与换牙，因此干饲料对口腔健康比罐头和其他偏软的食物好。

在这里需要注意的是，猫咪牙齿外形并不规则，所以利用洁牙零食清洁牙齿的效果有限。除了由兽医师进行的齿龈清洁术，亲自帮猫咪洁牙也是无可取代的日常口腔护理方式。

第 2 章

50道鲜食零食食谱：
让猫咪吃得安心健康

喵星人爸妈请先看：
"本书食谱使用须知"

各位喵星人爸妈在为家中心爱的喵星人制作本书食谱中的鲜食零食前，请先仔细阅读以下使用须知，并根据爱猫的个别需求，选择适合它食用的料理！

 本书食谱使用须知

① 我们将本食谱的50道宠物料理定义为"零食"，各品种无法单独满足2006年NRC建议的成年猫每日营养需求，**请勿以本书食谱作为每日饮食的主要热量来源。**

② 零食所提供的热量请勿超过"动物每日热量所需的10%"（每日热量的计算方式请参考本书P.031的公式）。成长期动物营养需求与成年动物不同，**未成年动物（幼猫）请不要使用本食谱中的零食。**若有任何疑虑请咨询兽医师意见，并遵循兽医师指示。

③ 食谱中的食材除特别标示者外，重量为"未煮熟"的重量，单位为"g"，请使用料理秤依循食谱指示准备食材。食材若需预先烹调或水煮（例如：南瓜），请勿在预先烹调的过程中额外添加任何调味料。

④ 准备生鲜肉品须注意食品卫生维护，食用生食对动物本身以及周边人员具有危险（请参考P.023），请妥善烹调。另外，准备绞肉时请准确利

用所选部位，勿额外添加脂肪。

❺ 患有糖尿病、脂肪代谢异常、肥胖、其他内分泌疾病、肠道炎症疾病、其他肠胃疾病、肾脏病、泌尿道结石、心脏病等疾病的动物对每日饮食有特殊要求，因此在使用本书食谱前，请与兽医师讨论。考量到特殊疾病的营养需求与限制，某些食谱品种前加注"*兽医师小叮咛"，若家中动物有特殊病史，在使用前请与兽医师讨论，并遵循兽医师指示。

本书食谱营养分析来源

本书营养分析资料来自美国农业部（USDA）所提供的食品成分资料库（FCD，Food Composition Database）以及商家资讯，食材的部分营养分析项目若未刊登于这些资料库可能在食谱中标示为"0"。

本食谱中使用的低钠盐为"莫顿淡盐"（Morton Lite Salt），它为制作宠物鲜食的常用盐，若喵星人爸妈无法购买到，请不要加盐；鸡蛋以及蛋黄为一般中型鸡蛋（约50g）。食谱中的商品化食材营养分析的白砂糖为精制细砂糖。

【本食谱中之商品化食材营养分析】

● **味醂**（以100g为单位）

热量(kcal/100g)	233.0	钙(g/1000kcal)	0
蛋白质(g/1000kcal)	0	磷(g/1000kcal)	0
脂肪(g/1000kcal)	0	钠(g/1000kcal)	2.56
碳水化合物(g/1000kcal)	200.3	钾(g/1000kcal)	0
总膳食纤维(g/1000kcal)	0		

● 起司片（以每片20g为单位）

热量(kcal/20g)	60.0	钙(g/1000kcal)	2.82
蛋白质(g/1000kcal)	83.3	磷(g/1000kcal)	0
脂肪(g/1000kcal)	66.7	钠(g/1000kcal)	2.33
碳水化合物(g/1000kcal)	0	钾(g/1000kcal)	0
总膳食纤维(g/1000kcal)	0		

● 海苔（以100g为单位）

热量(kcal/100g)	486.0	钙(g/1000kcal)	0.59
蛋白质(g/1000kcal)	117.5	磷(g/1000kcal)	0
脂肪(g/1000kcal)	0	钠(g/1000kcal)	5
碳水化合物(g/1000kcal)	117.5	钾(g/1000kcal)	0
总膳食纤维(g/1000kcal)	117.5		

● 柴鱼片（以100g为单位）

热量(kcal/100g)	333.0	钙(g/1000kcal)	0
蛋白质(g/1000kcal)	200.3	磷(g/1000kcal)	0
脂肪(g/1000kcal)	0	钠(g/1000kcal)	0.81
碳水化合物(g/1000kcal)	0	钾(g/1000kcal)	2.61
总膳食纤维(g/1000kcal)	0		

● 鲜奶油（以100g为单位）

热量(kcal/100g)	340.0	钙(g/1000kcal)	0.19
蛋白质(g/1000kcal)	8.4	磷(g/1000kcal)	0.17
脂肪(g/1000kcal)	106.2	钠(g/1000kcal)	0.08
碳水化合物(g/1000kcal)	8.5	钾(g/1000kcal)	0.28
总膳食纤维(g/1000kcal)	0		

● **蔓越莓干**（以每片20g为单位）

热量(kcal/100g)	292.0	钙(g/1000kcal)	0
蛋白质(g/1000kcal)	2.4	磷(g/1000kcal)	0
脂肪(g/1000kcal)	1.4	钠(g/1000kcal)	0.02
碳水化合物(g/1000kcal)	236.3	钾(g/1000kcal)	0
总膳食纤维(g/1000kcal)	17.1		

★本食谱使用Seeberger蔓越莓干，若无法购得，请务必选择包装标示成分为100%蔓越莓，无添加糖、油或其他添加剂的蔓越莓干。

● **精制细砂糖**（以100g为单位）

热量(kcal/100g)	400	钙(g/1000kcal)	0
蛋白质(g/1000kcal)	0	磷(g/1000kcal)	0
脂肪(g/1000kcal)	0	钠(g/1000kcal)	0.05
碳水化合物(g/1000kcal)	250	钾(g/1000kcal)	
总膳食纤维(g/1000kcal)	0		

● **乳酪丝**（以每片20g为单位）

热量(kcal/100g)	415.0	钙(g/1000kcal)	3.01
蛋白质(g/1000kcal)	91.2	磷(g/1000kcal)	1.77
脂肪(g/1000kcal)	65.9	钠(g/1000kcal)	4.07
碳水化合物(g/1000kcal)	8.2	钾(g/1000kcal)	0.23
总膳食纤维(g/1000kcal)	0		

● **脱脂奶粉**（以100g为单位）

热量(kcal/100g)	533.0	钙(g/1000kcal)	1.88
蛋白质(g/1000kcal)	43.7	磷(g/1000kcal)	0
脂肪(g/1000kcal)	56.3	钠(g/1000kcal)	0.66
碳水化合物(g/1000kcal)	68.8	钾(g/1000kcal)	0
总膳食纤维(g/1000kcal)	0		

1 慕斯卷

*兽医师小叮咛： 1.这道料理的蛋白质含量较高，若猫咪有相关的健康问题（例如：蛋白尿、肝功能异常等），请咨询兽医师。

2.这道料理的钾含量较高，若猫咪有与血液离子平衡相关的健康问题，请咨询兽医师。

3.土豆富含草酸，有草酸钙结石病史的猫咪应避免食用这道料理。

| 材 料 | ·三文鱼（去皮、去骨）100g | ·土豆（去皮）50g | ·黄瓜30g |

步　　骤

主厨教你
喵星人吃的东西，
我们也可以吃

按照本食谱的食材量，在步骤2中
加入1g盐，拌匀，即为我们可享用
的美味点心。

1 　土豆切片蒸熟，压成泥备用。

2~3 　三文鱼煎熟捣碎，拌入土豆泥备用。

4 　黄瓜以刨刀削成薄片，汆烫备用。

5~6 　黄瓜片填上内馅卷起，用喷枪炙烧即
完成。

兽医师告诉你
喵星人吃进的营养热量

营养分析

热量(kcal/180g)	229.7	钙(g/1000kcal)	0.10
蛋白质(g/1000kcal)	115.3	磷(g/1000kcal)	1.23
脂肪(g/1000kcal)	35.8	钠(g/1000kcal)	0.26
碳水化合物(g/1000kcal)	48.3	钾(g/1000kcal)	3.64
总膳食纤维(g/1000kcal)	4.6		

热量分布（%）

48.5	32.2	19.3

● 蛋白质　　◎ 脂肪　　● 碳水化合物

2 海陆蛋糕

材 料 · 鲷鱼片60g · 蛋黄2个 · 脱脂奶粉30g

步　骤

主厨教你
喵星人吃的东西，
我们也可以吃

按照本食谱的食材量，在步骤1中加入1g盐，拌匀，即为我们可享用的美味点心。

1~2 鲷鱼片用料理棒搅打成泥；1个蛋黄蒸熟捣碎备用。

3 鲷鱼泥中依序加入另一个蛋黄及脱脂奶粉。

4~5 鲷鱼泥入模型蒸熟，撒上蛋黄碎即可完成。

兽医师告诉你
喵星人吃进的营养热量

营养分析

热量(kcal/124g)	327.0	钙(g/1000kcal)	0.24
蛋白质(g/1000kcal)	97.5	磷(g/1000kcal)	0.73
脂肪(g/1000kcal)	50.9	钠(g/1000kcal)	0.98
碳水化合物(g/1000kcal)	29.8	钾(g/1000kcal)	0.15
总膳食纤维(g/1000kcal)	0		

热量分布（%）

30.3	52.6	17.1

● 蛋白质　◎ 脂肪　● 碳水化合物

3 鸡肉泥

＊兽医师小叮咛　1.这道料理的蛋白质含量较高，若猫咪有相关的健康问题（例如：蛋白尿、肝功能异常等），请咨询兽医师。

　　　　　　　　2.这道料理的钾含量较高，若猫咪有与血液离子平衡相关的健康问题，请咨询兽医师。

＊主厨小叮咛　在制作本道料理时必须使用料理棒或食物料理机将肉打成泥，不可使用果汁机。

材　料　·鸡柳条（去皮、去骨）60g

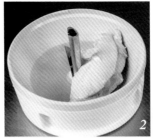

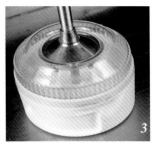

步　骤

1　将鸡柳条去筋膜备用。

2~4　将鸡柳条蒸熟后，与蒸肉汤汁用料理棒搅打成泥即可完成。

主厨教你
喵星人吃的东西，
我们也可以吃

按照本食谱的食材量，在步骤2中加入1g盐，拌匀，即为我们可享用的美味鸡肉泥！

兽医师告诉你
喵星人吃进的营养热量

营养分析

热量(kcal/60g)	98.8	钙(g/1000kcal)	0.09
蛋白质(g/1000kcal)	188.4	磷(g/1000kcal)	1.39
脂肪(g/1000kcal)	21.7	钠(g/1000kcal)	0.45
碳水化合物(g/1000kcal)	0	钾(g/1000kcal)	1.56
总膳食纤维(g/1000kcal)	0		

热量分布（%）

80.4	19.6

● 蛋白质　　◥ 脂肪　　**注** 本道料理的碳水化合物含量为0

4 菜肉卷

＊兽医师小叮咛

1. 地瓜富含草酸，有草酸钙结石病史的猫咪应避免食用这道料理。
2. 这道料理的蛋白质含量较高，若猫咪有相关的健康问题（例如：蛋白尿、肝功能异常等），请咨询兽医师。
3. 这道料理的钾含量较高，若猫咪有与血液离子平衡相关的健康问题，请咨询兽医师。

材料	· 鸡胸肉（去皮、去骨）80g	· 卷心菜叶80g
	· 地瓜（去皮）50g	· 胡萝卜20g

  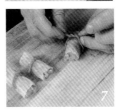

步　骤

主厨教你
喵星人吃的东西，
我们也可以吃

按照本食谱的食材量，在步骤2中加入1g盐，拌匀，即为我们可享用的美味佳肴。

1~3　将地瓜切小丁蒸熟；胡萝卜切成8cm长的细丝；卷心菜叶切成5cm小片备用。

4　鸡胸肉切小丁，加入地瓜丁拌匀备用。

5　起水锅，将卷心菜叶氽烫捞起备用。

6　将卷心菜叶包入肉泥馅，用胡萝卜丝绑起。

7　入蒸锅蒸约6分钟即可完成。

兽医师告诉你
喵星人吃进的营养热量

营养分析

热量(kcal/230g)	195.6	钙(g/1000kcal)	0.36
蛋白质(g/1000kcal)	136.4	磷(g/1000kcal)	1.18
脂肪(g/1000kcal)	15.4	钠(g/1000kcal)	0.46
碳水化合物(g/1000kcal)	76.2	钾(g/1000kcal)	2.68
总膳食纤维(g/1000kcal)	17.2		

热量分布（%）

56.6	13.8	29.6

● 蛋白质　　░ 脂肪　　◆ 碳水化合物

5 冰激凌

✳ 兽医师小叮咛

1. 这道料理的蛋白质含量较高，若猫咪有相关的健康问题（例如：蛋白尿、肝功能异常等），请咨询兽医师。
2. 这道料理的钠含量较高，若猫咪有与血液离子平衡相关的健康问题，请咨询兽医师。

材　料	· 鸡胸肉（去皮、去骨）100g	· 鲷鱼（去皮）30g
	· 蛋黄1个	· 低钠盐1g

步　骤

1　将鸡胸肉、鲷鱼及蛋黄蒸熟，放凉备用。

2　分别将鲷鱼及蛋黄切碎，加入低钠盐，拌匀，最后将肉泥碎揉搓成球或用冰激凌勺挖成球即可完成。

主厨教你
喵星人吃的东西，
我们也可以吃

按照本食谱的食材量，在步骤2中加入1g盐，拌匀，即为我们可享用的美味咸点。

兽医师告诉你
喵星人吃进的营养热量

营养分析

热量(kcal/148g)	248.0	钙(g/1000kcal)	0.16
蛋白质(g/1000kcal)	160.2	磷(g/1000kcal)	1.39
脂肪(g/1000kcal)	34.6	钠(g/1000kcal)	2.49
碳水化合物(g/1000kcal)	2.5	钾(g/1000kcal)	1.19
总膳食纤维(g/1000kcal)	0		

热量分布（%）

67.9	31.2	0.9

● 蛋白质　　● 脂肪　　● 碳水化合物

6 夏日浓汤

*兽医师小叮咛　1.这道料理的蛋白质含量较高，若猫咪有相关的健康问题（例如：蛋白尿、肝功能异常等），请咨询兽医师。

2.这道料理的钾含量较高，若猫咪有与血液离子平衡相关的健康问题，请咨询兽医师。

材　料｜·南瓜（去皮、去籽）80g　　·鸡柳条100g

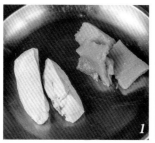

步　　骤

1　将南瓜及鸡柳条蒸熟。

2　取30g鸡肉用刀切碎，用不粘锅炒成鸡肉松备用。

3~4　将南瓜加入80g的水，用料理棒搅打成浓汤，撒上步骤2的鸡肉松即可完成。

主厨教你
喵星人吃的东西，
我们也可以吃

按照本食谱的食材量，在步骤3中加入1g盐，拌匀，即为我们可享用的美味汤品。

兽医师告诉你
喵星人吃进的营养热量

营养分析

热量(kcal/260g)	180.5	钙(g/1000kcal)	0.15
蛋白质(g/1000kcal)	175.0	磷(g/1000kcal)	1.39
脂肪(g/1000kcal)	20.1	钠(g/1000kcal)	0.41
碳水化合物(g/1000kcal)	21.7	钾(g/1000kcal)	2.44
总膳食纤维(g/1000kcal)	4.9		

热量分布（%）

84.2	8.1	7.7

● 蛋白质　　　脂肪　● 碳水化合物

7 海陆肉冻

＊兽医师小叮咛
1. 这道料理的磷含量较高，若猫咪有肾脏疾病，请咨询兽医师意见。
2. 这道料理的蛋白质含量较高，若猫咪有相关的健康问题（例如：蛋白尿、肝功能异常等），请咨询兽医师。
3. 这道料理的钾含量较高，若猫咪有与血液离子平衡相关的健康问题，请咨询兽医师。

材　料
- 牛后腿绞肉（全瘦）100g
- 三文鱼（去皮）50g
- 原味鸡高汤（低盐）500g
- 鲈鱼（一般大小约300g，去骨、去头、去内脏）1条

主厨教你
喵星人吃的东西，
我们也可以吃

美味的海陆肉冻不需添加调味料，
即可与喵星人一同享用！

步　骤

1　将牛后腿绞肉、鲈鱼及三文鱼放入压力锅煮约30分钟。

2~6　将鲈鱼与三文鱼用汤匙压碎与牛后腿绞肉放入碗中，再轻轻倒入原味鸡高汤，放入冰箱凝结成冻即可完成（享用时可将料理倒扣在盘子上）。

兽医师告诉你
喵星人吃进的营养热量

营养分析

热量(kcal/968g)	533.3	钙(g/1000kcal)	0.14
蛋白质(g/1000kcal)	172.5	磷(g/1000kcal)	1.84
脂肪(g/1000kcal)	29.2	钠(g/1000kcal)	0.58
碳水化合物(g/1000kcal)	0	钾(g/1000kcal)	2.79
总膳食纤维(g/1000kcal)	0		

热量分布（%）

73.7	26.3

● 蛋白质　　脂肪　**注** 本道料理的碳水化合物含量为0

 # 8 毛毛球

＊兽医师小叮咛： 1.土豆富含草酸，有草酸钙结石病史的猫咪应避免食用这道料理。

2.这道料理的钾含量较高，若猫咪有与血液离子平衡相关的健康问题，请咨询兽医师。

材　料	・ 土豆（去皮）100g	・ 鲷鱼（去皮）50g	・ 二砂糖5g
	・ 橄榄油10mL	・ 柴鱼碎5g	

步　　骤

1　土豆切片；鲷鱼切片备用。

2　将土豆片与鲷鱼片入蒸锅蒸熟取出，加入橄榄油与二砂糖拌匀，揉搓成圆球（每个小球约30g）。

3~4　最后沾裹上柴鱼碎即可完成。

主厨教你
喵星人吃的东西，我们也可以吃

按照本食谱的食材量，在步骤2中加入1g盐，拌匀，即为我们可享用的美味咸点。

兽医师告诉你
喵星人吃进的营养热量

营养分析

营养成分	数值	营养成分	数值
热量(kcal/170g)	259.1	钙(g/1000kcal)	0.05
蛋白质(g/1000kcal)	59.5	磷(g/1000kcal)	0.48
脂肪(g/1000kcal)	41.7	钠(g/1000kcal)	0.16
碳水化合物(g/1000kcal)	96.8	钾(g/1000kcal)	2.01
总膳食纤维(g/1000kcal)	8.1		

热量分布（%）

23.8	37.5	38.7

● 蛋白质　　脂肪　● 碳水化合物

9 鸡蛋糕

＊**兽医师小叮咛**：这道料理的蛋白质含量较高，若猫咪有相关的健康问题（例如：蛋白尿、
　　　　　　　　肝功能异常等），请咨询兽医师。

＊**主厨小叮咛**：在制作本道料理时必须使用料理棒或食物料理机将肉打成泥，不可使用果汁机。

材　料 │ ·鸡胸肉（去皮、去骨）150g　　　·鸡蛋1个

步　骤

1　鸡胸肉切片；蛋白、蛋黄分开备用。

2　将鸡胸肉及蛋白用料理棒搅打成泥。

3　取模型，填入鸡肉泥约1cm高，入锅蒸约5分钟备用。

4~5　将蛋黄拌匀倒入步骤3的鸡肉泥中，再入锅蒸5分钟即可完成。

主厨教你
喵星人吃的东西，我们也可以吃

按照本食谱的食材量，在步骤2中加入1g盐，拌匀，即为我们可享用的美味咸点。

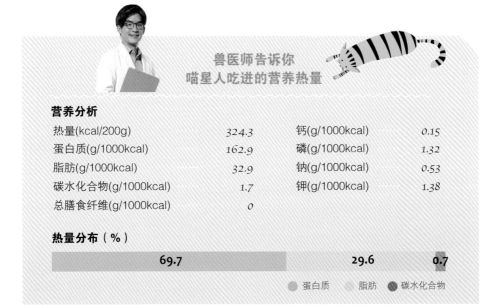

兽医师告诉你
喵星人吃进的营养热量

营养分析

热量(kcal/200g)	324.3	钙(g/1000kcal)	0.15
蛋白质(g/1000kcal)	162.9	磷(g/1000kcal)	1.32
脂肪(g/1000kcal)	32.9	钠(g/1000kcal)	0.53
碳水化合物(g/1000kcal)	1.7	钾(g/1000kcal)	1.38
总膳食纤维(g/1000kcal)	0		

热量分布（%）

69.7	29.6	0.7

● 蛋白质　　脂肪　　● 碳水化合物

10 圣女果汉堡肉

＊**兽医师小叮咛**：1.这道料理的磷含量较高，若猫咪有肾脏疾病，请咨询兽医师。

2.这道料理的蛋白质含量较高，若猫咪有相关的健康问题（例如：蛋白尿、肝功能异常等），请咨询兽医师。

3.这道料理钾的含量较高，若猫咪有与血液离子平衡相关的健康问题，请咨询兽医师。

＊**主厨小叮咛**：在制作本道料理时必须使用料理棒或食物料理机将肉打成泥，不可使用果汁机。

材料
- 鸡胸肉（全瘦）80g
- 牛后腿肉（全瘦）80g
- 彩色圣女果3颗

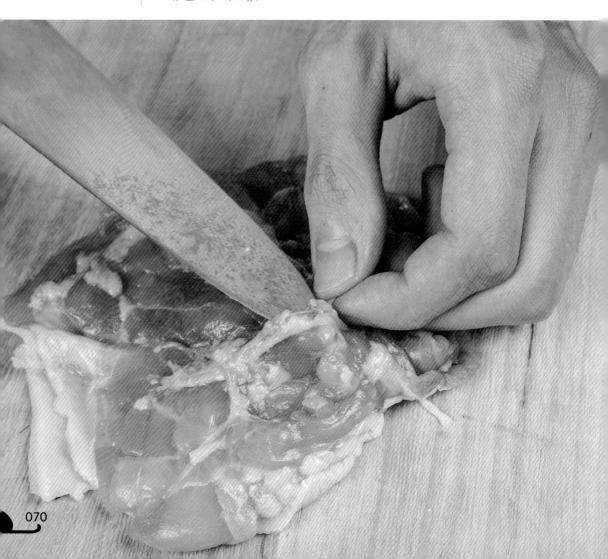

主厨教你
喵星人吃的东西，
我们也可以吃

按照本食谱的食材量，在步骤2中加入1g盐，拌匀，即为我们可享用的美味料理。

步　骤

1　将彩色圣女果切半备用。

2　将鸡胸肉及牛后腿肉用料理棒搅打成泥。

3~5　取模型填入肉泥，再将彩色圣女果镶入肉泥中，蒸熟即可完成。

兽医师告诉你
喵星人吃进的营养热量

营养分析

热量(kcal/211g)	230.9	钙(g/1000kcal)	0.15
蛋白质(g/1000kcal)	155.6	磷(g/1000kcal)	1.55
脂肪(g/1000kcal)	34.2	钠(g/1000kcal)	0.40
碳水化合物(g/1000kcal)	8.6	钾(g/1000kcal)	3.13
总膳食纤维(g/1000kcal)	2.7		

热量分布（%）

66.1	30.8	3.1

● 蛋白质　　脂肪　● 碳水化合物

 **11 可丽露**

40分钟 | 170℃

＊兽医师小叮咛：这道料理的脂肪含量较高，若正在为猫咪进行减重，请咨询兽医师。

＊主厨小叮咛：在制作本道料理时必须使用料理棒或食物料理机将肉打成泥，不可使用果汁机。

| 材　料 | · 猪里脊肉（全瘦）150g | · 鸡蛋1个 | · 无盐奶油30g |

步　骤

主厨教你
喵星人吃的东西，
我们也可以吃

按照本食谱的食材量，在步骤2中加入1g盐，拌匀，即为我们可享用的美味咸点。

1　猪里脊肉切片，蒸熟备用。

2~4　将熟的猪里脊肉加入鸡蛋及无盐奶油，用料理棒搅打成泥。

5　将肉泥填入模型中，入烤箱170℃烤40分钟即可完成。

兽医师告诉你
喵星人吃进的营养热量

营养分析

热量(kcal/230g)	506.2	钙(g/1000kcal)	0.11
蛋白质(g/1000kcal)	76.4	磷(g/1000kcal)	0.81
脂肪(g/1000kcal)	75.3	钠(g/1000kcal)	0.28
碳水化合物(g/1000kcal)	1.1	钾(g/1000kcal)	1.29
总膳食纤维(g/1000kcal)	0		

热量分布（%）

32.7	66.8	0.5

● 蛋白质　　脂肪　● 碳水化合物

12 乳酪肉球

＊兽医师小叮咛：这道料理的蛋白质含量较高，若猫咪有相关的健康问题（例如：蛋白尿、肝功能异常等），请咨询兽医师。

＊主厨小叮咛：在制作本道料理时必须使用料理棒或食物料理机将肉打成泥，不可使用果汁机。

材　料	・鸡胸肉（去皮、去骨）150g	・起司片1片	・水30mL

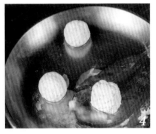
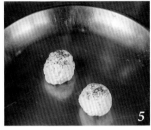

步　骤

1　鸡胸肉用料理棒搅打成泥，捏成小球（每个小球约30g）备用。

2　将起司片及水隔水加热混合均匀成起司酱。

3~4　将鸡肉泥包覆起司酱捏成球状，蒸熟。

5　用喷枪炙烧上色即可完成。

主厨教你
喵星人吃的东西，
我们也可以吃

这道料理不需另外添加调味料，我们即可直接享用！

兽医师告诉你
喵星人吃进的营养热量

营养分析

热量(kcal/210g)	306.9	钙(g/1000kcal)	0.62
蛋白质(g/1000kcal)	167.8	磷(g/1000kcal)	1.11
脂肪(g/1000kcal)	30.6	钠(g/1000kcal)	0.81
碳水化合物(g/1000kcal)	0	钾(g/1000kcal)	1.24
总膳食纤维(g/1000kcal)	0		

热量分布（%）

70.9	29.1

● 蛋白质　　◍ 脂肪　　注 本道料理的碳水化合物含量为0

13 缤纷菜饭

* **兽医师小叮咛：** 这道料理的脂肪含量较高，若正在为猫咪进行减重，请咨询兽医师。

材料	· 卷心菜30g	· 胡萝卜20g	· 干香菇3g
	· 鸡油15g	· 白饭（水煮、无盐、无油）50g	

步 骤

1 干香菇泡软切碎；卷心菜及胡萝卜切小丁备用。

2~3 起锅入油，爆香香菇，再加入胡萝卜丁及卷心菜丁炒香。

4 最后加入白饭拌炒均匀即可。

主厨教你
喵星人吃的东西，
我们也可以吃

按照本食谱的食材量，在步骤3中加入5g酱油，拌炒均匀，即为我们可享用的美味料理。

兽医师告诉你
喵星人吃进的营养热量

营养分析

热量(kcal/120g)	216.8	钙(g/1000kcal)	0.12
蛋白质(g/1000kcal)	9.0	磷(g/1000kcal)	0.18
脂肪(g/1000kcal)	70.0	钠(g/1000kcal)	0.07
碳水化合物(g/1000kcal)	83.5	钾(g/1000kcal)	0.59
总膳食纤维(g/1000kcal)	6.8		

注 此处食材的干香菇以"5g泡水后干香菇"来分析。

热量分布（%）

3.1	63.1	33.8

● 蛋白质　　◆ 脂肪　　● 碳水化合物

14 三文鱼意大利面

＊兽医师小叮咛： 1.这道料理的蛋白质含量较高，若猫咪有相关的健康问题（例如：蛋白尿、肝功能异常等），请咨询兽医师。

2.这道料理的钾含量较高，若猫咪有与血液离子平衡相关的健康问题，请咨询兽医师。

| 材 料 | ·三文鱼（去皮）50g | ·意大利面40g | ·吻仔鱼10g |

步　　骤

1　将意大利面煮熟，切成2cm长段。

2　吻仔鱼汆烫去除盐分备用。

3　起锅将三文鱼煎熟后，用汤匙压碎备用。

4　将三文鱼碎拌入面条。

5~6　最后撒上吻仔鱼即可完成。

主厨教你
喵星人吃的东西，我们也可以吃
按照本食谱的食材量，在步骤3中加入1g盐，拌匀，即为我们可享用的美味料理。

兽医师告诉你
喵星人吃进的营养热量

营养分析

热量(kcal/100g)	163.6	钙(g/1000kcal)	0.07
蛋白质(g/1000kcal)	104.2	磷(g/1000kcal)	1.03
脂肪(g/1000kcal)	28.2	钠(g/1000kcal)	0.21
碳水化合物(g/1000kcal)	75.5	钾(g/1000kcal)	2.21
总膳食纤维(g/1000kcal)	4.4		

热量分布（%）

43.7	25.3	31.0

● 蛋白质　　◎ 脂肪　　● 碳水化合物

15 雪花冻

材 料 · 鲜奶100mL · 玉米淀粉15g · 细砂糖15g

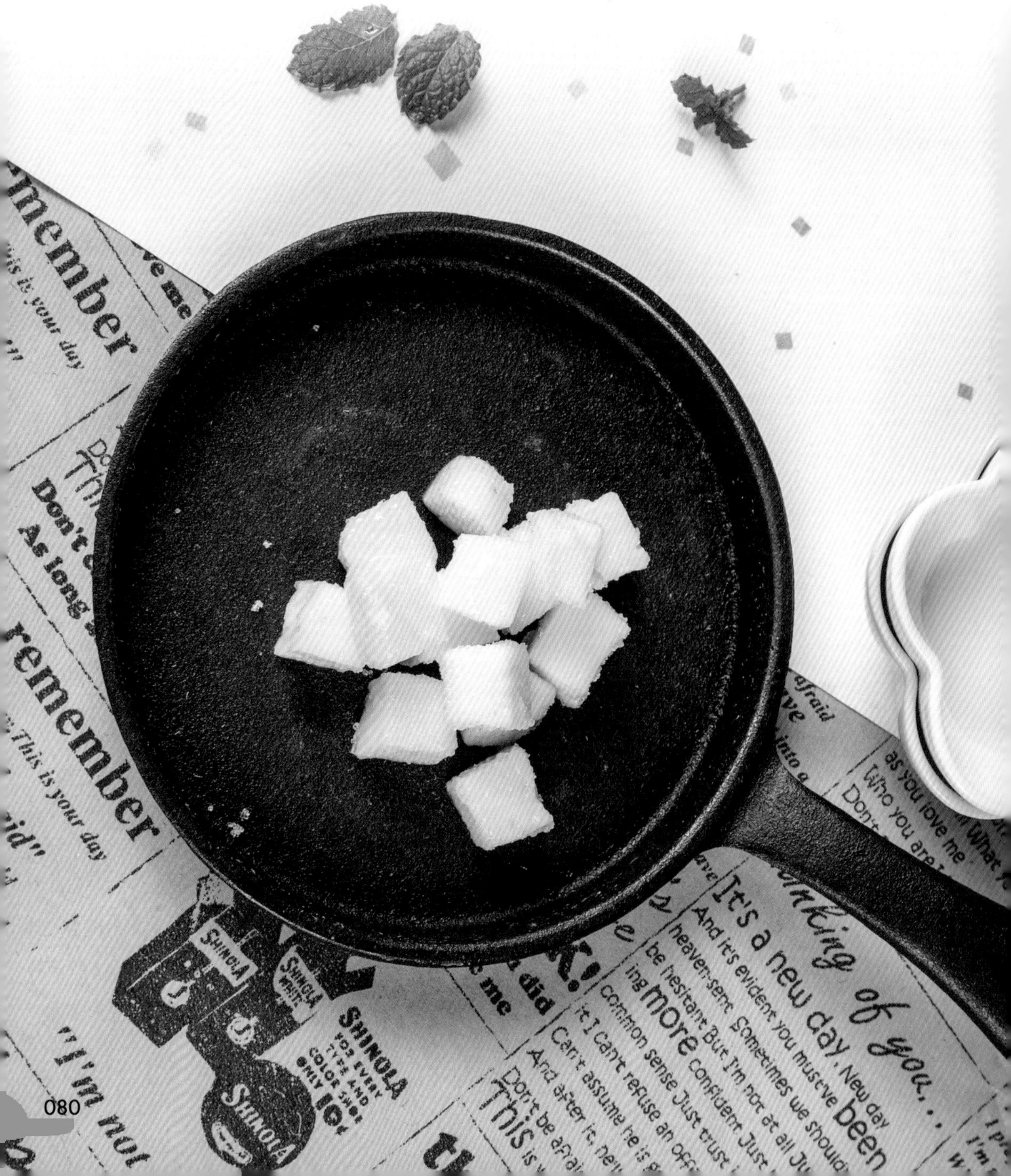

步　骤

主厨教你
喵星人吃的东西，
我们也可以吃

香香甜甜的雪花冻不需额外添加调味，我们就可直接享用！

1~2　取不粘锅，倒入鲜奶及玉米淀粉拌匀，以锅铲搅拌成团。

3~4　入模型，再入冰箱冻至定型后取出切块（模型铺保鲜膜，即可轻松脱模）。

5　最后沾裹细砂糖即可完成。

兽医师告诉你
喵星人吃进的营养热量

营养分析

热量(kcal/130g)	177.7	钙(g/1000kcal)	0.62
蛋白质(g/1000kcal)	17.9	磷(g/1000kcal)	0.51
脂肪(g/1000kcal)	18.3	钠(g/1000kcal)	0.23
碳水化合物(g/1000kcal)	188.5	钾(g/1000kcal)	0.73
总膳食纤维(g/1000kcal)	0.8		

热量分布（%）

7.2	16.6	76.2

● 蛋白质　◌ 脂肪　● 碳水化合物

16 圣诞圈圈

*兽医师小叮咛： 1.这道料理的磷含量较高，若猫咪有肾脏疾病，请咨询兽医师。

2.这道料理的蛋白质含量较高，若猫咪有相关的健康问题（例如：蛋白尿、肝功能异常等），请咨询兽医师。

3.这道料理的钾含量较高，若猫咪有与血液离子平衡相关的健康问题，请咨询兽医师。

*主厨小叮咛： 在制作本道料理时必须使用料理棒或食物料理机将鱼肉打成泥，不可使用果汁机。

| 材　料 | ·鲷鱼（去皮）100g | ·西蓝花20g | ·南瓜30g |

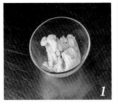 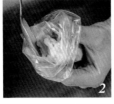  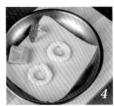

  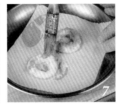 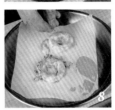

主厨教你
喵星人吃的东西，
我们也可以吃

按照本食谱的食材量，在步骤1中加入1g盐，拌匀，即为我们可享用的美味咸点。

步　骤

1~2　鲷鱼用料理棒搅打成泥，放入裱花袋。

3~4　取盘子铺上蒸笼纸，将鲷鱼泥挤成甜甜圈状，与西蓝花及南瓜入锅蒸熟备用。

5~6　将西兰花切碎；南瓜拌成泥备用。

7~8　将熟鱼泥圈涂抹上南瓜泥，用西蓝花碎装饰即可完成。

兽医师告诉你
喵星人吃进的营养热量

营养分析

热量(kcal/150g)	108.6	钙(g/1000kcal)	0.21
蛋白质(g/1000kcal)	191.4	磷(g/1000kcal)	1.77
脂肪(g/1000kcal)	16.6	钠(g/1000kcal)	0.56
碳水化合物(g/1000kcal)	26.8	钾(g/1000kcal)	3.96
总膳食纤维(g/1000kcal)	9.1		

热量分布（%）

75.6	14.9	9.5

● 蛋白质　　脂肪　● 碳水化合物

 **17 南瓜饼干**

5分钟 | 160℃

* 兽医师小叮咛：这道料理的蛋白质含量较高，若猫咪有相关的健康问题（例如：蛋白尿、肝功能异常等），请咨询兽医师。

* 主厨小叮咛：在制作本道料理时必须使用料理棒或食物料理机将肉打成泥，不可使用果汁机。

材 料	·鸡胸肉（去皮、去骨）150g	·南瓜20g	·蛋黄1个

步　骤

1　南瓜切片蒸熟备用。

2~3　鸡胸肉及南瓜用料理棒搅打成泥备用。

4　将鸡肉泥加入南瓜泥拌匀，放入裱花袋。

5　取烤盘放上烤焙纸，挤出数个小圆饼。

6　刷上蛋黄液，入烤箱160℃烤5分钟即可完成。

主厨教你
喵星人吃的东西，
我们也可以吃

按照本食谱的食材量，在步骤3中加入1g盐，拌匀，即为我们可享用的美味咸点。

兽医师告诉你
喵星人吃进的营养热量

营养分析

热量(kcal/187g)	305.7	钙(g/1000kcal)	0.16
蛋白质(g/1000kcal)	161.5	磷(g/1000kcal)	1.36
脂肪(g/1000kcal)	32.3	钠(g/1000kcal)	0.39
碳水化合物(g/1000kcal)	5.2	钾(g/1000kcal)	1.47
总膳食纤维(g/1000kcal)	0.72		

热量分布（%）

69.0	29.2	1.8

● 蛋白质　　脂肪　● 碳水化合物

18 玉子烧

* **兽医师小叮咛**：这道料理的脂肪含量较高，若正在为猫咪减重，请咨询兽医师。

* **主厨小叮咛**：在制作本道料理时必须使用料理棒或食物料理机将肉打成泥，不可使用果汁机。

材　料	· 猪里脊肉（全瘦）50g	· 原味鸡高汤（低盐）30g
	· 橄榄油15g	· 鸡蛋1颗

步　骤

主厨教你
喵星人吃的东西，
我们也可以吃

按照本食谱的食材量，在步骤2中加入1g盐，拌匀，即为我们可享用的美味佳肴。

1~2　将猪里脊肉剁成绞肉，炒熟备用。

3　将熟绞肉、鸡蛋及原味鸡高汤搅拌均匀。

4　起不粘锅入橄榄油，将蛋汁入锅煎半熟后卷起。

5~6　以小火煎熟，取出切块即可完成。

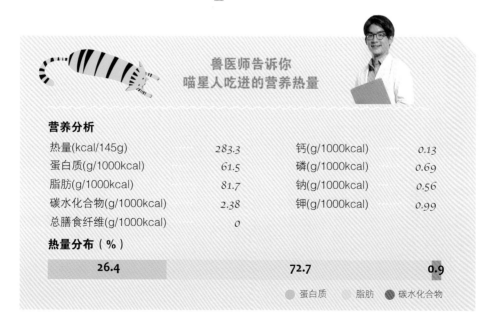

兽医师告诉你
喵星人吃进的营养热量

营养分析

热量(kcal/145g)	283.3	钙(g/1000kcal)	0.13
蛋白质(g/1000kcal)	61.5	磷(g/1000kcal)	0.69
脂肪(g/1000kcal)	81.7	钠(g/1000kcal)	0.56
碳水化合物(g/1000kcal)	2.38	钾(g/1000kcal)	0.99
总膳食纤维(g/1000kcal)	0		

热量分布（%）

26.4	72.7	0.9

● 蛋白质　　　● 脂肪　　　● 碳水化合物

19 肉蓉汤

* **兽医师小叮咛**：1.这道料理的蛋白质含量较高，若猫咪有相关的健康问题（例如：蛋白尿、肝功能异常等），请咨询兽医师。

　　　　　　　2.这道料理的钾含量较高，若猫咪有与血液离子平衡相关的健康问题，请咨询兽医师。

* **主厨小叮咛**：在制作本道料理时必须使用料理棒或食物料理机将肉打成泥，不可使用果汁机。

| 材料 | · 牛后腿肉（全瘦）50g | · 红甜椒丁15g | · 黄甜椒丁15g |
| | · 无盐奶油5g | · 鸡蛋1个 | · 水100g |

步　骤

1　牛后腿肉用料理棒打成泥。

2　将牛肉泥加入水拌匀。

3~4　再加入红、黄甜椒丁及蛋液，煮滚后加无盐奶油即可完成。

主厨教你
喵星人吃的东西，
我们也可以吃

按照本食谱的食材量，在步骤3中加入1g盐及研磨胡椒粉，拌匀，即为我们可享用的美味汤品。

兽医师告诉你
喵星人吃进的营养热量

营养分析

热量(kcal/235g)	189.2	钙(g/1000kcal)	0.22
蛋白质(g/1000kcal)	95.6	磷(g/1000kcal)	1.09
脂肪(g/1000kcal)	60.7	钠(g/1000kcal)	0.52
碳水化合物(g/1000kcal)	12.8	钾(g/1000kcal)	1.63
总膳食纤维(g/1000kcal)	2.4		

热量分布（%）

41.0	54.2	4.8

● 蛋白质　　脂肪　●碳水化合物

20 猫咪造型饼干

20分钟 | 170℃

材料 · 奇亚籽50g · 水50g · 香蕉100g
· 无盐奶油50g · 中筋面粉150g · 胡萝卜泥50g

主厨教你
喵星人吃的东西，
我们也可以吃

按照本食谱的食材量，在步骤2中加入30g糖，拌匀，即为我们可享用的美味饼干。此外，若一次制作许多无糖造型饼干，你也可以将自己要吃的部分涂抹喜爱的果酱！

步　　骤

1　将奇亚籽加入水中浸泡。

2　香蕉压成泥，加入熔化的无盐奶油、中筋面粉、奇亚籽及胡萝卜泥，拌匀成团。

3　将面团擀约0.5cm厚，压模型以170℃烤20分钟即可完成。

兽医师告诉你
喵星人吃进的营养热量

营养分析

热量(kcal/450g)	1254.4	钙(g/1000kcal)	0.29
蛋白质(g/1000kcal)	20.5	磷(g/1000kcal)	0.51
脂肪(g/1000kcal)	46.1	钠(g/1000kcal)	0.04
碳水化合物(g/1000kcal)	129.6	钾(g/1000kcal)	0.68
总膳食纤维(g/1000kcal)	14.9		

热量分布（%）

7.8	39.9	52.3

● 蛋白质　　● 脂肪　　● 碳水化合物

21 香料牛肉

＊兽医师小叮咛： 1.地瓜富含草酸，有草酸钙结石病史的猫咪应避免食用这道料理。

2.这道料理的蛋白质含量较高，若猫咪有相关的健康问题（例如：蛋白尿、肝功能异常等），请咨询兽医师。

3.这道料理的钾含量较高，若猫咪有与血液离子平衡相关的健康问题，请咨询兽医师。

材　料	·牛后腿肉片（全瘦）150g	·地瓜（去皮）50g
	·百里香1支（约2g）	·低钠盐1g

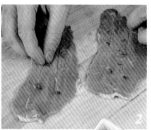

步　骤

主厨教你
喵星人吃的东西，
我们也可以吃

按照本食谱的食材量，在起锅前撒上研磨胡椒粉，即为我们可享用的美味料理。

1　将地瓜切条，蒸熟备用。

2　牛后腿肉片撒上低钠盐及百里香略腌。

3　用牛肉片包卷地瓜条。

4　起锅将牛肉卷煎至焦香熟透即可完成。

兽医师告诉你
喵星人吃进的营养热量

营养分析

热量(kcal/203g)	242.3	钙(g/1000kcal)	0.22
蛋白质(g/1000kcal)	145.1	磷(g/1000kcal)	1.45
脂肪(g/1000kcal)	25.7	钠(g/1000kcal)	1.25
碳水化合物(g/1000kcal)	38.6	钾(g/1000kcal)	3.81
总膳食纤维(g/1000kcal)	6.3		

热量分布（%）

61.5	23.2	15.3

● 蛋白质　　● 脂肪　　● 碳水化合物

22 米丸子

＊兽医师小叮咛：1.这道料理的蛋白质含量较高，若猫咪有相关的健康问题（例如：蛋白尿、肝功能异常等），请咨询兽医师。

2.这道料理的钾含量较高，若猫咪有与血液离子平衡相关的健康问题，请咨询兽医师。

材料 · 牛绞肉（全瘦）120g · 南瓜30g · 鸡蛋1个 · 低钠盐1g
· 冰箱冷藏的隔夜饭（水煮、无盐、无油）50g

步　骤

1　将南瓜蒸熟，压泥备用。

2　将牛绞肉、南瓜泥、低钠盐及蛋液1匙拌匀。

3　将肉泥揉搓成球备用。

4~5　取肉球依序黏附蛋液及米饭。

6　入锅蒸熟即可完成。

主厨教你
喵星人吃的东西，
我们也可以吃

按照本食谱的食材量，在步骤2中加入5g香油及少许胡椒粉，拌匀，即为我们可享用的美味咸点。

兽医师告诉你
喵星人吃进的营养热量

营养分析

营养	数值	营养	数值
热量(kcal/251g)	309.9	钙(g/1000kcal)	0.19
蛋白质(g/1000kcal)	114.0	磷(g/1000kcal)	1.24
脂肪(g/1000kcal)	33.5	钠(g/1000kcal)	1.08
碳水化合物(g/1000kcal)	52.0	钾(g/1000kcal)	2.70
总膳食纤维(g/1000kcal)	1.7		

热量分布（％）

48.6	30.2	21.2

● 蛋白质　　● 脂肪　　● 碳水化合物

23 不醉鸡

*兽医师小叮咛：1.这道料理的蛋白质含量较高，若猫咪有相关的健康问题（例如：蛋白尿、肝功能异常等），请咨询兽医师。

2.这道料理的钾含量较高，若猫咪有与血液离子平衡相关的健康问题，请咨询兽医师。

· 鸡腿（去皮、去骨）150g　　· 胡萝卜40g　　· 低钠盐1g

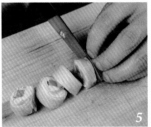

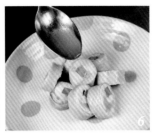

步　骤

1　胡萝卜切条备用。

2　将鸡腿撒上低钠盐，包覆胡萝卜条。

3　用锡箔纸包覆卷起。

4　入蒸锅，蒸约10分钟。

5~6　蒸熟后取出切片，最后淋上汤汁即可完成。

主厨教你
喵星人吃的东西，
我们也可以吃

按照本食谱的食材量，在步骤2的鸡腿肉上再加入5g绍兴酒，抹均匀，即为我们可享用的美味佳肴。

兽医师告诉你
喵星人吃进的营养热量

营养分析

热量(kcal/191g)	306.6	钙(g/1000kcal)	0.09
蛋白质(g/1000kcal)	123.3	磷(g/1000kcal)	0.77
脂肪(g/1000kcal)	48.1	钠(g/1000kcal)	1.08
碳水化合物(g/1000kcal)	10.7	钾(g/1000kcal)	2.03
总膳食纤维(g/1000kcal)	3.9		

热量分布（%）

52.5	43.4	4.1

● 蛋白质　　● 脂肪　　● 碳水化合物

 **24 肉泥酥**

8分钟 | 170℃

* **兽医师小叮咛**：1.这道料理的蛋白质含量较高，若猫咪有相关的健康问题（例如：蛋白尿、肝功能异常等），请咨询兽医师。

2.这道料理的钾含量较高，若猫咪有与血液离子平衡相关的健康问题，请咨询兽医师。

* **主厨小叮咛**：在制作本道料理时必须使用料理棒或食物料理机将肉打成泥，不可使用果汁机。

材 料 ·猪里脊肉（全瘦）100g ·蛋黄1个 ·低钠盐1g

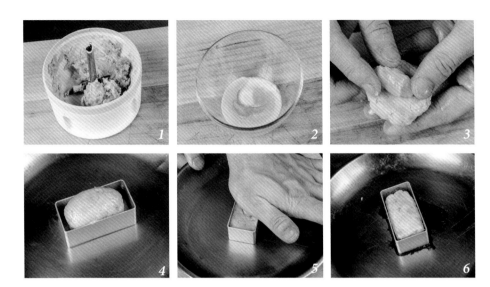

步　　骤

1　猪里脊肉加入低钠盐，用料理棒打成泥备用。

2　蛋黄蒸熟备用。

3~5　将肉泥包覆1/4个熟蛋黄，压入模型。

6　入烤箱170℃烤约8分钟至熟即可完成。

主厨教你
喵星人吃的东西，
我们也可以吃

这道料理不需添加任何调味料，即为我们也可享用的美味咸点。

兽医师告诉你
喵星人吃进的营养热量

营养分析

热量(kcal/118g)	197.3	钙(g/1000kcal)	0.19
蛋白质(g/1000kcal)	122.3	磷(g/1000kcal)	1.41
脂肪(g/1000kcal)	51.6	钠(g/1000kcal)	1.30
碳水化合物(g/1000kcal)	3.09	钾(g/1000kcal)	3.35
总膳食纤维(g/1000kcal)	0		

热量分布（%）

52.3	46.5	1.2

● 蛋白质　　◐ 脂肪　　● 碳水化合物

25 蔓越莓乳酪蛋糕

＊兽医师小叮咛：1.这道料理的蛋白质含量较高，若猫咪有相关的健康问题（例如：蛋白尿、肝功能异常等），请咨询兽医师。

2.这道料理的钾含量较高，若猫咪有与血液离子平衡相关的健康问题，请咨询兽医师。

＊主厨小叮咛：在制作本道料理时必须使用料理棒或食物料理机将肉打成泥，不可使用果汁机。

材料 · 鸡胸肉120g · 黑芝麻粉10g · 低钠盐1g · 蛋黄1个 · 无盐奶油2g
· 蔓越莓果干（需为原料100%纯蔓越莓，无添加油、糖或任何添加剂的果干）20g

  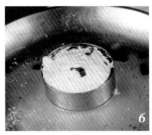

步　骤

1　鸡胸肉用料理棒搅打成泥备用。

2　取1/5鸡胸肉泥拌入黑芝麻粉备用。

3　取4/5鸡胸肉泥拌入蛋黄、低钠盐及蔓越莓果干备用。

4~5　取圆模型抹上无盐奶油，填入黑芝麻肉泥铺底，再放上蔓越莓肉泥铺平。

6　入蒸锅蒸8分钟至熟即可完成。

主厨教你
喵星人吃的东西，
我们也可以吃

这道料理我们已经可以直接吃了！若喜欢吃甜一点儿的，可以依喜好添加糖粉。

兽医师告诉你
喵星人吃进的营养热量

营养分析

热量(kcal/170g)	377.6	钙(g/1000kcal)	0.16
蛋白质(g/1000kcal)	114.2	磷(g/1000kcal)	1.11
脂肪(g/1000kcal)	37.6	钠(g/1000kcal)	0.79
碳水化合物(g/1000kcal)	45.2	钾(g/1000kcal)	1.64
总膳食纤维(g/1000kcal)	2.6		

热量分布（％）

46.8	34.7	18.5

● 蛋白质　　　脂肪　　● 碳水化合物

26 蔬菜贡丸

＊**兽医师小叮咛**：1.这道料理的蛋白质含量较高，若猫咪有相关的健康问题（例如：蛋白尿、肝功能异常等），请咨询兽医师。

2.这道料理的钠与钾含量较高，若猫咪有与血液离子平衡相关的健康问题，请咨询兽医师。

＊**主厨小叮咛**：在制作本道料理时必须使用料理棒或食物料理机将肉打成泥，不可使用果汁机。

| 材料 | ·猪里脊肉（全瘦）50g | ·嫩豆腐30g | ·卷心菜20g |
| | ·胡萝卜10g | ·低钠盐1g | |

步　骤

1　猪里脊肉及嫩豆腐用料理棒搅打成泥备用。

2~3　卷心菜及胡萝卜切碎，加入肉泥及低钠盐拌匀备用。

4　起水锅至冒气，把肉泥挤成小球状，放入水中煮熟即可完成。

主厨教你
喵星人吃的东西，
我们也可以吃

按照本食谱的食材量，在步骤2中加入少许白胡椒粉、5g香油、5g米酒，即为我们可享用的美味料理。

兽医师告诉你
喵星人吃进的营养热量

营养分析

热量(kcal/111g)	95.9	钙(g/1000kcal)	0.32
蛋白质(g/1000kcal)	130.1	磷(g/1000kcal)	1.39
脂肪(g/1000kcal)	38.2	钠(g/1000kcal)	2.42
碳水化合物(g/1000kcal)	29.1	钾(g/1000kcal)	5.88
总膳食纤维(g/1000kcal)	7.4		

热量分布（％）

54.5	34.5	11.0

● 蛋白质　　脂肪　● 碳水化合物

27 蛋黄酥

烤至上色 | 180℃

*兽医师小叮咛： 1.土豆富含草酸，有草酸钙结石病史的猫咪应避免食用这道料理。

2.这道料理的钾含量较高，若猫咪有与血液离子平衡相关的健康问题，请咨询兽医师。

*主厨小叮咛： 在制作本道料理时必须使用料理棒或食物料理机将肉打成泥，不可使用果汁机。

| 材 料 | · 牛后腿绞肉（全瘦）80g | · 蛋黄2个 | · 土豆80g |
| | · 黑芝麻1g | · 低钠盐1g | · 无盐奶油15g |

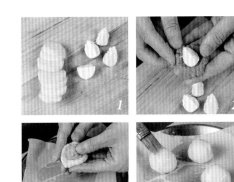

步　　骤

主厨教你
喵星人吃的东西，
我们也可以吃

这道料理不需另外添加调味料，即为我们可享用的美味咸点。

1　土豆切片备用；取1个蛋黄蒸熟切1/4。

2~3　将牛后腿绞肉加低钠盐拌匀，包入熟蛋黄揉搓成球，与土豆片蒸熟备用。

4　将熟土豆片用汤匙压成泥，加入无盐奶油拌匀。

5　将土豆泥包覆熟牛肉球。

6~8　刷上蛋黄液并撒上黑芝麻，放入180℃的烤箱烤至上色即可完成。

兽医师告诉你
喵星人吃进的营养热量

营养分析

热量(kcal/211g)	398.9	钙(g/1000kcal)	0.18
蛋白质(g/1000kcal)	63.9	磷(g/1000kcal)	0.89
脂肪(g/1000kcal)	62.4	钠(g/1000kcal)	0.67
碳水化合物(g/1000kcal)	43.9	钾(g/1000kcal)	2.13
总膳食纤维(g/1000kcal)	3.6		

热量分布（%）

26.9	55.6	17.5

● 蛋白质　　脂肪　● 碳水化合物

28 香酥起司猪排

12分钟 | 180℃

材料 · 猪里脊绞肉（全瘦）100g · 起司片1片 · 鸡蛋1个
· 面包粉30g · 低筋面粉10g

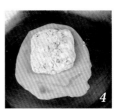

步　　骤

1　将猪里脊绞肉加入半颗蛋液，拌匀备用。

2　取肉泥压扁，包覆起司片捏成正方形。

3~6　依序黏附低筋面粉、蛋液及面包粉。

7　放入180℃烤箱烤12分钟即可完成。

**主厨教你
喵星人吃的东西，
我们也可以吃**

按照本食谱的食材量，在步骤1中加入1g盐及少许研磨胡椒粉，拌匀，即为我们可享用的美味料理。

**兽医师告诉你
喵星人吃进的营养热量**

营养分析

热量(kcal/210g)	434.9	钙(g/1000kcal)	0.41
蛋白质(g/1000kcal)	86.9	磷(g/1000kcal)	0.83
脂肪(g/1000kcal)	38.4	钠(g/1000kcal)	1.08
碳水化合物(g/1000kcal)	68.5	钾(g/1000kcal)	1.19
总膳食纤维(g/1000kcal)	3.7		

热量分布（%）

35.9	35.7	28.4

● 蛋白质　　脂肪　● 碳水化合物

 **29 千层面**

5分钟 | 180℃

＊兽医师小叮咛： 1.土豆富含草酸，有草酸钙结石病史的猫咪应避免食用这道料理。

2.这道料理的钠与钾含量较高，若猫咪有与血液离子平衡相关的健康
问题，请咨询兽医师。

材料	
· 猪里脊绞肉（全瘦）50g	· 土豆40g
· 原味鸡高汤（低盐）200mL	· 西芹20g
· 番茄糊（无盐）10g	· 胡萝卜20g
· 乳酪丝20g	· 糖1g

· 低钠盐1g
· 月桂叶1片
· 无盐奶油15g

 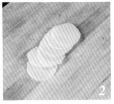  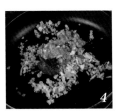

 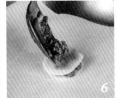 

步　骤

主厨教你
喵星人吃的东西，
我们也可以吃

按照本食谱的食材量，在步骤2中加入1g盐，拌匀，在完成品上撒点儿研磨胡椒粉，即为我们可享用的美味咸点。

1~2　将西芹及胡萝卜切碎；土豆切片备用。

3~5　起锅入无盐奶油，炒香猪里脊绞肉、蔬菜碎及番茄糊后，再加入调味料、月桂叶及原味鸡高汤炖煮约20分钟，取出月桂叶备用。

6　将土豆及肉酱堆叠3层，撒上乳酪丝。

7　入烤箱，以180℃烤5分钟至上色即可完成。

兽医师告诉你
喵星人吃进的营养热量

营养分析

热量(kcal/377g)	332.9	钙(g/1000kcal)	0.90
蛋白质(g/1000kcal)	67.6	磷(g/1000kcal)	0.99
脂肪(g/1000kcal)	62.2	钠(g/1000kcal)	3.18
碳水化合物(g/1000kcal)	44.5	钾(g/1000kcal)	2.94
总膳食纤维(g/1000kcal)	6.3		

热量分布（%）

26.7	55.7	17.6

● 蛋白质　　● 脂肪　　● 碳水化合物

30 太阳圈圈

* **兽医师小叮咛**： 1.这道料理的磷含量较高，若猫咪有肾脏疾病，请咨询兽医师。

2.这道料理的蛋白质含量较高，若猫咪有相关的健康问题（例如：蛋白尿、肝功能异常等），请咨询兽医师。

3.这道料理的钠与钾含量较高，若猫咪有与血液离子平衡相关的健康问题，请咨询兽医师。

| 材　料 | ·鱿鱼卷60g | ·鸡蛋1个 | ·色拉油5g |

主厨教你
喵星人吃的东西，
我们也可以吃

按照本食谱的食材量，在步骤2中加入1g盐、5g香油，拌匀，即为我们可享用的美味咸点。

步　骤

1　鱿鱼卷切圈备用。

2　鸡蛋打散备用。

3　起锅入色拉油，将鱿鱼卷铺至锅中。

4　加入蛋液煎至熟透即可完成。

兽医师告诉你
喵星人吃进的营养热量

营养分析

热量(kcal/115g)	217.2	钙(g/1000kcal)	0.61
蛋白质(g/1000kcal)	118.7	磷(g/1000kcal)	1.99
脂肪(g/1000kcal)	51.3	钠(g/1000kcal)	2.34
碳水化合物(g/1000kcal)	7.1	钾(g/1000kcal)	2.05
总膳食纤维(g/1000kcal)	0		

热量分布（%）

50.9	46.2	2.9

● 蛋白质　　脂肪　● 碳水化合物

31 萝卜肉饼

＊兽医师小叮咛： 1.这道料理的蛋白质含量较高，若猫咪有相关的健康问题（例如：蛋白尿、肝功能异常等），请咨询兽医师。

2.这道料理的钠与钾含量较高，若猫咪有与血液离子平衡相关的健康问题，请咨询兽医师。

＊主厨小叮咛： 在制作本道料理时必须使用料理棒或食物料理机将肉打成泥，不可使用果汁机。

| 材　料 | · 鸡胸肉（去皮、去骨）50g | · 白萝卜50g | · 胡萝卜20g |
| | · 低钠盐1g | · 白砂糖1g | |

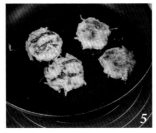

步　骤

主厨教你

喵星人吃的东西，
我们也可以吃

这道料理不需另外添加调味料，
即为我们也可享用的美味咸点。

1　将白萝卜及胡萝卜刨成丝备用。

2　鸡胸肉用料理棒搅打成泥。

3　将所有材料及调味料拌匀。

4　将萝卜肉泥捏成饼。

5　起锅将两面煎熟即可完成。

兽医师告诉你
喵星人吃进的营养热量

营养分析

热量(kcal/122g)	102.5	钙(g/1000kcal)	0.25
蛋白质(g/1000kcal)	155.1	磷(g/1000kcal)	1.28
脂肪(g/1000kcal)	18.2	钠(g/1000kcal)	2.51
碳水化合物(g/1000kcal)	45.8	钾(g/1000kcal)	5.27
总膳食纤维(g/1000kcal)	13.7		

热量分布（%）

68.5	17.1	14.4

● 蛋白质　　◉ 脂肪　　● 碳水化合物

32 迷你米汉堡

＊**兽医师小叮咛**：这道料理的钾含量较高，若猫咪有与血液离子平衡相关的健康问题，请咨询兽医师。

白饭（水煮、无盐、无油）50g　　西蓝花20g　　薄盐酱油2g
原味鸡高汤（低盐）30g　　　　　圣女果10g　　白砂糖2g
牛后腿绞肉（全瘦）50g　　　　　水50mL

 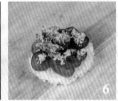  

步　骤

1　将白饭压模成圆厚片备用。

2　圣女果切片；西蓝花烫熟备用。

3　将牛后腿绞肉加入薄盐酱油、白砂糖及原味鸡高汤拌匀。

4　将肉泥捏成汉堡排。

5　起不粘锅将汉堡排两面煎上色，加入50mL水蒸煎至熟取出。

6~8　依序将所有材料堆叠成米汉堡即可完成。

主厨教你
喵星人吃的东西，
我们也可以吃

这道料理不需另外添加调味料，即为我们也可享用的美味料理。

兽医师告诉你
喵星人吃进的营养热量

营养分析

热量(kcal/164g)	152.2	钙(g/1000kcal)	0.19
蛋白质(g/1000kcal)	96.3	磷(g/1000kcal)	1.08
脂肪(g/1000kcal)	15.9	钠(g/1000kcal)	1.22
碳水化合物(g/1000kcal)	112.3	钾(g/1000kcal)	2.15
总膳食纤维(g/1000kcal)	6.9		

热量分布（%）

39.8	14.2	46.0

● 蛋白质　◯ 脂肪　● 碳水化合物

33 豆豆肉丸

＊兽医师小叮咛： 1. 这道料理的磷含量较高，若猫咪有肾脏疾病，请咨询兽医师。

2. 这道料理的蛋白质含量较高，若猫咪有相关的健康问题（例如：蛋白尿、肝功能异常等），请咨询兽医师。

3. 这道料理的钠与钾含量较高，若猫咪有与血液离子平衡相关的健康问题，请咨询兽医师。

材　料	・牛后腿绞肉（全瘦）100g　　・四季豆30g　　・低钠盐1g

步　骤

主厨教你
喵星人吃的东西，
我们也可以吃

按照本食谱的食材量，在步骤2中加入5g香油、少许白胡椒粉、5g米酒，即为我们可享用的美味咸点。

1　四季豆切成0.3cm的小丁。

2　将牛后腿绞肉、四季豆及低钠盐拌匀。

3　将肉泥揉搓成肉丸，入锅蒸约4分钟即可完成。

兽医师告诉你
喵星人吃进的营养热量

营养分析

热量(kcal/131g)	145.2	钙(g/1000kcal)	0.23
蛋白质(g/1000kcal)	161.6	磷(g/1000kcal)	1.59
脂肪(g/1000kcal)	28.7	钠(g/1000kcal)	1.78
碳水化合物(g/1000kcal)	16.3	钾(g/1000kcal)	4.54
总膳食纤维(g/1000kcal)	6.6		

热量分布（%）

68.3	25.9	5.8

● 蛋白质　　◐ 脂肪　　● 碳水化合物

34 地中海沙拉

＊兽医师小叮咛： 1.这道料理的脂肪含量高于2006年NRC建议的每日使用的安全上限，请勿过量食用。因为脂肪含量较高，若正在为猫咪减重，请咨询兽医师。

2.这道料理的钾含量较高,若猫咪有与血液离子平衡相关的健康问题，请咨询兽医师。

鲷鱼（去皮）50g	圣女果30g	西蓝花30g
黄甜椒10g	橄榄油20g	低钠盐1g

步　骤

主厨教你
喵星人吃的东西，
我们也可以吃

这道料理不需另外添加调味料，
即为我们也可享用的清爽沙拉。

1　西蓝花切小朵；圣女果及黄甜椒切丁；鲷鱼切丁备用。

2~5　起水锅，将步骤1的所有材料入锅汆熟捞起。

6　将熟料加入橄榄油及低钠盐，拌匀即可完成。

兽医师告诉你
喵星人吃进的营养热量

营养分析

热量(kcal/141g)	243.2	钙(g/1000kcal)	0.09
蛋白质(g/1000kcal)	45.7	磷(g/1000kcal)	0.47
脂肪(g/1000kcal)	86.6	钠(g/1000kcal)	0.98
碳水化合物(g/1000kcal)	16.4	钾(g/1000kcal)	2.41
总膳食纤维(g/1000kcal)	5.9		

热量分布（%）

17.6	76.6	5.8

● 蛋白质　● 脂肪　● 碳水化合物

35 香料圣女果盅

5分钟　200℃

＊兽医师小叮咛： 1.这道料理的脂肪含量较高，若正在为猫咪减重，请咨询兽医师。

2.这道料理的钠与钾含量较高，若猫咪有与血液离子平衡相关的健康
问题，请咨询兽医师。

材·料

鲷鱼（去皮）50g	百里香1g	无盐奶油10g
圣女果40g	低钠盐1g	

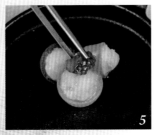

将圣女果切半挖出籽（圣女果籽另盛装备用）。

将鲷鱼略微剁碎加入低钠盐，拌匀填入圣女果中。

放上无盐奶油及百里香。

入烤箱200℃约烤5分钟取出。

最后放上圣女果籽装饰即可完成。

**主厨教你
喵星人吃的东西，
我们也可以吃**

这道料理不需另外添加调味料，即为我们可享用的美味咸点。

**兽医师告诉你
喵星人吃进的营养热量**

营养分析

热量(kcal/102g)	127.4	钙(g/1000kcal)	0.12
蛋白质(g/1000kcal)	82.6	磷(g/1000kcal)	0.77
脂肪(g/1000kcal)	71.1	钠(g/1000kcal)	3.96
碳水化合物(g/1000kcal)	13.9	钾(g/1000kcal)	1.78
总膳食纤维(g/1000kcal)	4.8		

热量分布（%）

32.6	62.6	4.8

● 蛋白质　　　脂肪　● 碳水化合物

36 花寿司

材　料	· 白饭（水煮、无盐、无油）100g	· 黄瓜条15g	· 胡萝卜条15g
	· 无盐海苔1张（3g）	· 柴鱼碎10g	· 海苔粉2g

主厨教你
喵星人吃的东西，
我们也可以吃

这道料理不需另外添加调味料，即为我们可享用的美味料理。

步　　骤

1　将胡萝卜条及黄瓜条蒸熟备用。

2~3　取保鲜膜垫底，放置无盐海苔并均匀铺上白饭，撒上柴鱼碎及海苔粉。

4~5　再铺上保鲜膜翻面（防止白饭粘连与材料散开）。

6　放上胡萝卜及黄瓜条，卷起后切块即可完成。

兽医师告诉你
喵星人吃进的营养热量

营养分析

热量(kcal/145g)	195	钙(g/1000kcal)	0.15
蛋白质(g/1000kcal)	64.1	磷(g/1000kcal)	0.26
脂肪(g/1000kcal)	1.5	钠(g/1000kcal)	0.21
碳水化合物(g/1000kcal)	165.6	钾(g/1000kcal)	0.92
总膳食纤维(g/1000kcal)	19.5		

热量分布（％）

27.5	1.5	71.0

● 蛋白质　　● 脂肪　　● 碳水化合物

37 军舰寿司

＊兽医师小叮咛： 1.这道料理的蛋白质含量较高，若猫咪有相关的健康问题（例如：蛋白尿、肝功能异常等），请咨询兽医师。

2.这道料理的钠与钾含量较高，若猫咪有与血液离子平衡相关的健康问题，请咨询兽医师。

＊主厨小叮咛： 在制作本道料理时必须使用料理棒或食物料理机将肉打成泥，不可使用果汁机。

材　料 ·黄瓜40g ·鸡胸肉（去皮、去骨）80g ·胡萝卜40g
·低钠盐1g

  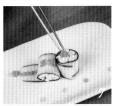

步　骤

1　将胡萝卜及鸡胸肉蒸熟，分别切成小碎丁备用（蒸鸡肉的汤汁保留）。

2　黄瓜刨片烫熟备用。

3~4　将鸡肉碎加入汤汁及低钠盐，拌匀备用。

5　将黄瓜卷起围成圈。

6　鸡胸肉碎填入至八分满。

7　最后放上胡萝卜碎点缀即可完成。

**主厨教你
喵星人吃的东西，
我们也可以吃**

这道料理不需另外添加调味料，即为我们可享用的美味料理。

**兽医师告诉你
喵星人吃进的营养热量**

营养分析

热量(kcal/161g)	151.9	钙(g/1000kcal)	0.20
蛋白质(g/1000kcal)	166.9	磷(g/1000kcal)	1.34
脂肪(g/1000kcal)	19.6	钠(g/1000kcal)	1.84
碳水化合物(g/1000kcal)	31.2	钾(g/1000kcal)	4.02
总膳食纤维(g/1000kcal)	9.2		

热量分布（％）

70.7	17.6	11.7

● 蛋白质　　脂肪　● 碳水化合物

38 握寿司

＊兽医师小叮咛：这道料理的钠含量较高，若猫咪有与血液离子平衡相关的健康问题，请咨询兽医师。

| 材 料 | ·白饭（水煮、无盐、无油）100g ·白虾（去头、去壳）50g
·薄盐酱油2g |

步　　骤

主厨教你
喵星人吃的东西，
我们也可以吃

这道料理不需另外添加调味料，即为我们可享用的美味料理。

1~2　将白虾开背切成蝴蝶刀，去肠泥断筋蒸熟备用。

3~5　手沾水（防止米饭粘连），将白饭捏压成长方形，放上熟虾。

6　刷上薄盐酱油。

7　以喷枪炙烧即可完成。

兽医师告诉你
喵星人吃进的营养热量

营养分析

热量(kcal/152g)	190.3	钙(g/1000kcal)	0.29
蛋白质(g/1000kcal)	74.5	磷(g/1000kcal)	1.04
脂肪(g/1000kcal)	5.9	钠(g/1000kcal)	2.84
碳水化合物(g/1000kcal)	152.9	钾(g/1000kcal)	0.65
总膳食纤维(g/1000kcal)	2.1		

热量分布（％）

31.1	5.3	63.6

● 蛋白质　　脂肪　● 碳水化合物

39 三文鱼烤饭团

材料 · 三文鱼（去皮）20g   · 无盐海苔丝2g   · 薄盐酱油2g
· 味醂2g   · 白饭（水煮、无盐、无油）80g

步　骤

1　用不粘锅将三文鱼煎熟。

2　薄盐酱油及味醂拌匀备用

3~4　取白饭包覆三文鱼，刷上薄盐酱油。

5　以喷枪炙烧饭团。

6　最后用无盐海苔丝卷起即可完成。

**主厨教你
喵星人吃的东西，
我们也可以吃**

这道料理不需另外添加调味料，
即为我们可享用的美味料理。

**兽医师告诉你
喵星人吃进的营养热量**

营养分析

热量(kcal/106g)	155.7	钙(g/1000kcal)	0.13
蛋白质(g/1000kcal)	54.2	磷(g/1000kcal)	0.58
脂肪(g/1000kcal)	11.9	钠(g/1000kcal)	0.89
碳水化合物(g/1000kcal)	159.3	钾(g/1000kcal)	1.03
总膳食纤维(g/1000kcal)	9.5		

热量分布（%）

22.6	11.1	66.3

●蛋白质　　脂肪　●碳水化合物

 # 40 鱼丸汤面

* **兽医师小叮咛**：1.这道料理的磷含量较高，若猫咪有肾脏疾病，请咨询兽医师。

2.这道料理的蛋白质含量较高，若猫咪有相关的健康问题（例如：蛋白尿、肝功能异常等），请咨询兽医师。

3.这道料理的钠与钾含量较高，若猫咪有与血液离子平衡相关的健康问题，请咨询兽医师。

* **主厨小叮咛**：在制作本道料理时必须使用料理棒或食物料理机将肉打成泥，不可使用果汁机。

| 材 料 | ·鲷鱼（去皮）150g ·白菜20g ·胡萝卜10g
·原味鸡高汤（低盐）150mL ·低钠盐1g |

步　骤

主厨教你
喵星人吃的东西，
我们也可以吃

按照本食谱的食材量，在步骤1的鱼泥中加入1g盐，拌匀，在完成品中加入5g香油，即为我们可享用的美味佳肴。

1　将鲷鱼用料理棒打成泥备用。

2　白菜及胡萝卜切丝备用。

3　起水锅至冒气备用，取部分鱼泥制作成3颗鱼丸，于热水中煮熟至浮起。

4~6　将剩余鱼泥放入塑料袋中，尖角开小洞，于滚水中挤出鱼面条至熟捞起。

7　起锅加入原味鸡高汤及蔬菜丝，煮滚，再加入鱼丸及面条即可完成。

兽医师告诉你
喵星人吃进的营养热量

营养分析

热量(kcal/331g)	159.8	钙(g/1000kcal)	0.23
蛋白质(g/1000kcal)	203.1	磷(g/1000kcal)	1.81
脂肪(g/1000kcal)	16.3	钠(g/1000kcal)	3.94
碳水化合物(g/1000kcal)	11.5	钾(g/1000kcal)	5.47
总膳食纤维(g/1000kcal)	1.9		

热量分布（%）

81	14.6	4.4

● 蛋白质　　脂肪　● 碳水化合物

41 水煮蛋

＊**兽医师小叮咛**：这道料理的蛋白质含量较高，若猫咪有相关的健康问题（例如：蛋白尿、肝功能异常等），请咨询兽医师。

材　料　| ·鸡胸肉（去皮、去骨）150g　　·鸡蛋1个

步　骤

1~3　将蛋壳洗净轻打分成两半后，将蛋白、蛋黄分开；蛋黄蒸熟备用。

4　鸡胸肉切剁成泥，加入蛋白拌匀备用。

5　取分成两半的蛋壳皆填入肉泥。

6　将蒸熟的蛋黄塞入其中半个填肉泥的蛋壳。

7　再将另外半个填肉泥的蛋壳盖上。

8　入锅蒸熟即可完成。

主厨教你
喵星人吃的东西，
我们也可以吃

按照本食谱的食材量，在步骤2中加入1g盐、15g香油，拌匀，即为我们可享用的美味咸点。

兽医师告诉你
喵星人吃进的营养热量

营养分析

热量(kcal/200g)	324.3	钙(g/1000kcal)	0.15
蛋白质(g/1000kcal)	162.9	磷(g/1000kcal)	1.32
脂肪(g/1000kcal)	32.9	钠(g/1000kcal)	0.53
碳水化合物(g/1000kcal)	1.7	钾(g/1000kcal)	1.38
总膳食纤维(g/1000kcal)	0		

热量分布（%）

69.7	29.6	0.7

● 蛋白质　　● 脂肪　　● 碳水化合物

42 冬瓜鲜虾卷

＊**兽医师小叮咛**：1.这道料理的蛋白质含量较高，若猫咪有相关的健康问题（例如：蛋白尿、肝功能异常等），请咨询兽医师。

2.这道料理的钠含量较高，若猫咪有与血液离子平衡相关的健康问题，请咨询兽医师。

| 材　料 | ·虾仁（去壳、去头）150g | ·冬瓜60g | ·香油15g |

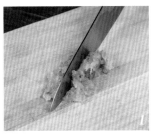

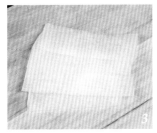

主厨教你
喵星人吃的东西，
我们也可以吃

按照本食谱的食材量，在步骤
1的虾泥中加入1g盐，拌匀，
即为我们可享用的美味咸点。

步　骤

1~2　虾仁去肠泥，略微剁碎，加入香油拌匀。

3　冬瓜刨片备用。

4　取冬瓜片铺上虾泥，卷起蒸熟即可完成。

兽医师告诉你
喵星人吃进的营养热量

营养分析

热量(kcal/225g)	318.9	钙(g/1000kcal)	0.46
蛋白质(g/1000kcal)	107.9	磷(g/1000kcal)	1.48
脂肪(g/1000kcal)	55.4	钠(g/1000kcal)	4.66
碳水化合物(g/1000kcal)	12.8	钾(g/1000kcal)	0.81
总膳食纤维(g/1000kcal)	5.5		

热量分布（%）

45.9	49.1	5.0

● 蛋白质　　○ 脂肪　　● 碳水化合物

43 鲜鱼蛋羹

＊**兽医师小叮咛：** 1.这道料理的蛋白质含量较高，若猫咪有相关的健康问题（例如：蛋
白尿、肝功能异常等），请咨询兽医师。

2.这道料理的钠与钾含量较高，若猫咪有与血液离子平衡相关的健康
问题，请咨询兽医师。

材 料	・鲷鱼（去皮、去骨）50g	・鸡蛋1个
	・原味鸡高汤（低盐）200mL	・巴西里碎1g

步 骤

1 在蛋液中加入原味鸡高汤拌匀，倒入容器入锅蒸熟备用。

2~3 将鲷鱼煎上色至熟透，以汤匙略微捣碎。

4 将鲷鱼碎及巴西里碎放在蒸熟的蛋上即可完成。

**主厨教你
喵星人吃的东西，
我们也可以吃**

按照本食谱的食材量，在步骤1中加入1g盐，拌匀，即为我们可享用的美味咸点。

**兽医师告诉你
喵星人吃进的营养热量**

营养分析

热量(kcal/301g)	139.4	钙(g/1000kcal)	0.34
蛋白质(g/1000kcal)	136.8	磷(g/1000kcal)	1.49
脂肪(g/1000kcal)	44.2	钠(g/1000kcal)	3.95
碳水化合物(g/1000kcal)	9.9	钾(g/1000kcal)	3.79
总膳食纤维(g/1000kcal)	0.2		

热量分布（%）

56.3	39.9	3.8

● 蛋白质　　○ 脂肪　　● 碳水化合物

44 瓜瓜盅

＊兽医师小叮咛： 1.这道料理的蛋白质含量较高，若猫咪有相关的健康问题（例如：蛋白尿、肝功能异常等），请咨询兽医师。

2.这道料理的钠含量较高，若猫咪有与血液离子平衡相关的健康问题，请咨询兽医师。

材　料	·黄瓜60g	·猪里脊肉（全瘦）60g

138

步　　骤

**主厨教你
喵星人吃的东西，
我们也可以吃**

按照本食谱的食材量，在步骤3的猪肉泥中加入1g盐、少许胡椒粉、5g香油及5g米酒，拌匀，即为我们可享用的美味佳肴。

1　黄瓜去皮，皮切丝烫熟备用（用于摆盘装饰，若不装饰也可跳过此步骤）。

2　黄瓜切成2cm圆柱状，挖凹洞备用。

3　猪里脊肉剁成泥，镶入黄瓜中，蒸约3分钟取出。

4　最后放上烫熟的黄瓜皮丝，装饰即可完成。

**兽医师告诉你
喵星人吃进的营养热量**

营养分析

热量(kcal/120g)	94.8	钙(g/1000kcal)	0.21
蛋白质(g/1000kcal)	139.7	磷(g/1000kcal)	1.49
脂肪(g/1000kcal)	36.5	钠(g/1000kcal)	3.39
碳水化合物(g/1000kcal)	22.9	钾(g/1000kcal)	0.34
总膳食纤维(g/1000kcal)	3.2		

热量分布（%）

58.9	32.9	8.2

● 蛋白质　　◌ 脂肪　　● 碳水化合物

 # 45 蘑菇烤蛋

15分钟 | 150℃

＊**兽医师小叮咛：** 1.这道料理的脂肪含量较高，若正在为猫咪减重，请咨询兽医师。

2.这道料理的钾含量较高，若猫咪有与血液离子平衡相关的健康问题，请咨询兽医师。

| 材　料 | ·蘑菇30g | ·鸡蛋1个 | ·无盐奶油5g | ·全脂鲜奶30mL |

步　　骤

1 将蘑菇切片。

2 起锅干炒蘑菇片至上色，加入无盐奶油拌炒至香味飘出备用。

3 将蛋液、全脂鲜奶及蘑菇片拌匀。

4 倒入杯中，放入烤箱，150℃烤约15分钟即可完成。

主厨教你
喵星人吃的东西，
我们也可以吃

按照本食谱的食材量，在步骤3中加入1g盐、少许研磨胡椒粉，拌匀，即为我们可享用的美味咸点。

兽医师告诉你
喵星人吃进的营养热量

营养分析

热量(kcal/115g)	138.0	钙(g/1000kcal)	0.47
蛋白质(g/1000kcal)	58.1	磷(g/1000kcal)	1.08
脂肪(g/1000kcal)	75.1	钠(g/1000kcal)	0.56
碳水化合物(g/1000kcal)	23.9	钾(g/1000kcal)	1.73
总膳食纤维(g/1000kcal)	1.3		

热量分布（%）

24.3	66.9	8.8

● 蛋白质　◐ 脂肪　● 碳水化合物

46 可乐饼

※兽医师小叮咛：1.土豆富含草酸，有草酸钙结石病史的猫咪应避免食用这道料理。

2.这道料理的蛋白质含量较高，若猫咪有相关的健康问题（例如：蛋白尿、肝功能异常等），请咨询兽医师。

3.这道料理的钾含量较高，若猫咪有与血液离子平衡相关的健康问题，请咨询兽医师。

材料

鸡胸肉（去皮、去骨）100g　　玉米粒30g　　南瓜碎50g

蘑菇丁30g　　　　　　　　　　土豆泥30g

主厨教你
喵星人吃的东西，
我们也可以吃

按照本食谱的食材量，在步骤1中加入1g盐、少许研磨胡椒粉，拌匀，即为我们可享用的美味咸点。

步　骤

1 将鸡胸肉剁成泥，加入蘑菇丁、玉米粒、土豆泥及1/4南瓜碎，拌匀。

2 将步骤1的食材搓成圆柱状。

3 沾裹其余3/4南瓜碎。

4 入蒸锅蒸约6分钟即可完成。

兽医师告诉你
喵星人吃进的营养热量

营养分析

热量(kcal/240g)	230.8	钙(g/1000kcal)	0.14
蛋白质(g/1000kcal)	144.7	磷(g/1000kcal)	1.32
脂肪(g/1000kcal)	17.3	钠(g/1000kcal)	0.58
碳水化合物(g/1000kcal)	65.3	钾(g/1000kcal)	2.79
总膳食纤维(g/1000kcal)	7.9		

热量分布（%）

60.0	15.5	24.5

● 蛋白质　　● 脂肪　　● 碳水化合物

47 蔬菜布蕾

＊兽医师小叮咛：这道料理的脂肪含量高于2006年NRC建议的每日使用的安全上限，请勿过量食用。因为脂肪含量较高，若正在为猫咪减重，请咨询兽医师。

材 料 | ·胡萝卜70g ·鲜奶油70mL ·鸡蛋1个 ·西蓝花30g

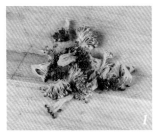

步　　骤

1　西蓝花剥小朵，汆熟备用。

2　将胡萝卜蒸熟，用料理棒打成泥。

3　将所有材料混合，拌匀。

4　填入模型中，入锅蒸约10分钟即可完成。

主厨教你
喵星人吃的东西，
我们也可以吃

按照本食谱的食材量，在步骤3中加入1g盐、少许研磨胡椒粉，拌匀，即为我们可享用的美味咸点。

兽医师告诉你
喵星人吃进的营养热量

营养分析

热量(kcal/220g)	350.4	钙(g/1000kcal)	1.60
蛋白质(g/1000kcal)	27.2	磷(g/1000kcal)	0.46
脂肪(g/1000kcal)	87.9	钠(g/1000kcal)	0.05
碳水化合物(g/1000kcal)	29.9	钾(g/1000kcal)	1.09
总膳食纤维(g/1000kcal)	8.8		

热量分布（%）

10.7	77.6	11.7

●蛋白质　　脂肪　●碳水化合物

48 香菇镶肉

*兽医师小叮咛：1.这道料理的磷含量较高，若猫咪有肾脏疾病，请咨询兽医师。

2.这道料理的蛋白质含量较高，若猫咪有相关的健康问题（例如：蛋白尿、肝功能异常等），请咨询兽医师。

3.这道料理的钾含量较高，若猫咪有与血液离子平衡相关的健康问题，请咨询兽医师。

*主厨小叮咛：在制作本道料理时必须使用料理棒或食物料理机将肉打成泥，不可使用果汁机。

| 材　料 | ·鲜香菇40g | ·鲷鱼（去皮）120g |

主厨教你
喵星人吃的东西，
我们也可以吃

按照本食谱的食材量，在步骤1的鱼泥中加入1g盐、少许胡椒粉、5g香油及5g米酒，拌匀，即为我们可享用的美味咸点。

步　　骤

1　将鲷鱼用料理棒搅打成泥备用。

2　鲜香菇去蒂头。

3　将鱼泥镶入香菇内成球。

4　入蒸锅蒸约6分钟即可完成。

兽医师告诉你
喵星人吃进的营养热量

营养分析

热量(kcal/160g)	137.2	钙(g/1000kcal)	0.09
蛋白质(g/1000kcal)	180.2	磷(g/1000kcal)	1.57
脂肪(g/1000kcal)	15.5	钠(g/1000kcal)	0.47
碳水化合物(g/1000kcal)	41.9	钾(g/1000kcal)	2.98
总膳食纤维(g/1000kcal)	6.1		

热量分布（%）

71.5	13.9	14.6

● 蛋白质　● 脂肪　● 碳水化合物

49 南瓜豆浆冻

＊兽医师小叮咛：1.这道料理的蛋白质含量较高，若猫咪有相关的健康问题（例如：蛋白尿、肝功能异常等），请咨询兽医师。

2.这道料理的钾含量较高，若猫咪有与血液离子平衡相关的健康问题，请咨询兽医师。

材 料 | 南瓜30g · 无糖豆浆100mL · 洋菜粉2g

步　骤

1~2　南瓜切片蒸熟后，用汤匙压成泥。

3~4　在无糖豆浆中加入洋菜粉及南瓜泥，以小火加热拌匀。

5　　填入模型放入冰箱，冻至定型即可完成。

主厨教你
喵星人吃的东西，我们也可以吃

按照本食谱的食材量，在步骤2中加入15g糖，拌匀，即为我们也可享用的美味甜点。

兽医师告诉你
喵星人吃进的营养热量

营养分析

热量(kcal/132g)	45.6	钙(g/1000kcal)	2.82
蛋白质(g/1000kcal)	105.4	磷(g/1000kcal)	0.21
脂肪(g/1000kcal)	36.7	钠(g/1000kcal)	0.86
碳水化合物(g/1000kcal)	68.4	钾(g/1000kcal)	4.22
总膳食纤维(g/1000kcal)	16.0		

热量分布（%）

41.0	33.0	26.0

● 蛋白质　　脂肪　● 碳水化合物

50 元气汉堡肉

＊**兽医师小叮咛**：1.这道料理的蛋白质含量较高，若猫咪有相关的健康问题（例如：蛋白尿、肝功能异常等），请咨询兽医师。

2.这道料理的钾含量较高，若猫咪有与血液离子平衡相关的健康问题，请咨询兽医师。

| 材料 | ·鸡蛋1个 | ·牛绞肉（全瘦）150g | ·全脂鲜奶60mL |

主厨教你
喵星人吃的东西，
我们也可以吃

按照本食谱的食材量，在步骤2中加入1g盐及少许研磨胡椒粉，拌匀，即为我们也可享用的美味汉堡排。

步　骤

1　将全脂鲜奶、蛋汁、牛绞肉搅拌均匀。

2　将肉泥揉搓成饼备用。

3~4　起锅煎至两面上色，再入水蒸煮至熟即可完成。

兽医师告诉你
喵星人吃进的营养热量

营养分析

热量(kcal/260g)	315.8	钙(g/1000kcal)	0.39
蛋白质(g/1000kcal)	134.7	磷(g/1000kcal)	1.49
脂肪(g/1000kcal)	42.4	钠(g/1000kcal)	0.57
碳水化合物(g/1000kcal)	10.9	钾(g/1000kcal)	2.17
总膳食纤维(g/1000kcal)	0		

热量分布（%）

57.7	38.1	4.2

● 蛋白质　　脂肪　● 碳水化合物

特别收录

主厨不藏私:

猫咪鲜食零食轻松做

一、轻松自制鲜食零食秘诀1：料理必备工具篇

 料理棒

制作猫咪的鲜食零食时，我经常使用料理棒将肉类打成泥，以制作出更多有创意的零食。料理棒轻巧好清洗，能制作少分量的料理，非常适合作为制作猫咪鲜食零食的工具。

料理棒除了可以将肉类、蔬菜打成泥之外，也可以打果汁、打浓汤，非常方便。建议各位喵星人爸妈为家中的喵星人制作鲜食前，可以选择自己喜欢的料理棒或食物料理机，若无料理棒或食物料理机，部分料理也可使用果汁机取代。

打肉泥！

打果汁！

打浓汤！

烤箱／不粘锅

制作喵星人的料理时，为避免让它摄取过多脂肪，我们一般不建议使用油炸的烹调方式。在这本书的食谱中，我们最常使用烘烤、水煮或蒸煮的料理方式。使用不粘锅，可以用比较少的油，较不容易增加喵星人的负担。

此外，书中使用的烤箱为一般家用烤箱，且皆以图式标示出"温度、时间"，让各位喵星人爸妈使用本书更方便！

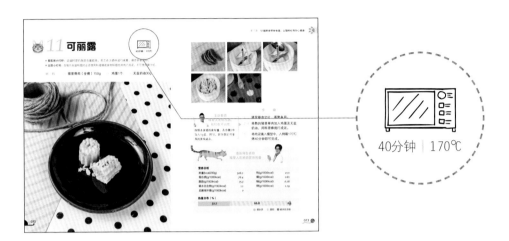

40分钟｜170℃

\兽医师这样说/

关于制作喵星人料理的"烹调方式"，我们建议水煮、微波、清蒸、干煎、适量油煎、洗净生食、烤、适量油炒。

 料理秤

我平时做料理给亲友品尝都非常随性，对于调味料、食材用量皆凭感觉添加。通过这次与兽医师一起讨论食谱时，才知道做鲜食给喵星人吃，要注意这么多事情，尤其是食材的用量更不能只写"少许或适量"。

书中食谱的食材除特别标示者外，重量皆为"未煮熟"的重量，单位为"g"，因此在喵星人爸妈制作鲜食零食时，"料理秤"是厨房中不可或缺的工具！

夹链袋

喵星人爸妈生活忙碌，无法经常制作鲜食，因此了解正确的保存方式格外重要。其中，"夹链袋"就是个保存食物的好帮手，放在冷冻室也不占空间，非常方便。

因为空气中有许多杂菌，为了避免食物接触到杂菌而变质，密封夹链袋时，一定要把空气排出。

使用夹链袋的注意事项

① 彻底密封

空气是冷冻的大敌，用夹链袋保存食物时，一定要保持真空。若夹链袋中有空气，食物容易因水分流失而变得干涩。

② 每袋冷冻的分量不要太多

建议一袋装一餐的量冷冻，不但使用更方便，还可以缩短冷冻与解冻的时间。

③ 不可重复使用

夹链袋装食物只能使用一次，千万不要将使用过的夹链袋清洗后又重复使用！

夹链袋使用小窍门

一般家庭不像餐厅有真空机，因此我在这里特别提供给大家简易方便的"隔水压力法"，利用水的压力将空气排出，就能轻松保存食物！

❶

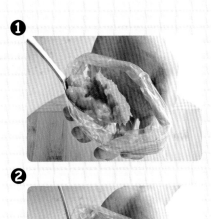

 先将夹链袋的开口外翻撑开，一手拿着袋子，一手以汤匙盛装食物。

主厨小提醒：

食物应放凉冷却后，再装入夹链袋中，避免留下蒸汽。

❷

将食物装入夹链袋中。

❸

准备一个大碗或盆，放入五分满的水，再将装好食物的夹链袋放入，利用水中的压力挤压袋中的空气，最后密封夹链袋即完成。

❹

建议放入冰箱前，先在袋子上记录食物名称、日期等信息！

三、轻松自制鲜食零食秘诀2：
万用原味鸡高汤

在本书食谱中，我们使用自制的"原味低盐鸡高汤"，它能用于多道料理中。除了添加在喵星人的鲜食中，喵星人爸妈也可以另外盛装一部分，加盐与胡椒粉享用！

 鸡高汤零失败轻松做

材料： ·鸡骨架300g ·水1000mL

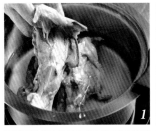  

步骤：

1　将鸡胸骨架放入清水，洗净。

2　入锅略微汆烫去除血水后，将鸡胸骨架夹起放凉。

3　用手搓洗鸡骨架表面浮沫杂质。

4　将鸡胸骨架入锅加水，以小火煮20分钟。

5　最后用纱布过滤即可完成。

\主厨小叮咛/　　自制的鸡高汤不但营养，又可以增添料理的美味！想要煮出清澈好喝的鸡高汤，有2个小秘诀：

❶ 煮有骨头的高汤时不可以煮至沸腾，避免高汤混浊。

❷ 熬煮高汤时，随时捞除多余的油及杂质泡沫，可以让高汤更清亮。

原书名：双师出任务！兽医师 × 厨师的猫咪鲜食零食

作者：姜智凡、李建轩（Stanley）

本书通过四川一览文化传播广告有限公司代理，经捷径文化出版事业有限公司授权出版。

©2020 辽宁科学技术出版社

著作权合同登记号：第 06-2019-143 号。

图书在版编目（CIP）数据

猫咪零食制作大全 / 姜智凡，李建轩著 . — 沈阳：
辽宁科学技术出版社，2020.10

ISBN 978-7-5591-1699-4

Ⅰ . ①猫… Ⅱ . ①姜… ②李… Ⅲ . ①猫—饲料
Ⅳ . ① S829.35

中国版本图书馆 CIP 数据核字（2020）第 148415 号

出版发行:辽宁科学技术出版社
（地址:沈阳市和平区十一纬路25号 邮编:110003）
印 刷 者:辽宁新华印务有限公司
经 销 者:各地新华书店
幅面尺寸:170 mm×240mm
印 张:10
字 数:200千字
出版时间:2020年10月第1版
印刷时间:2020年10月第1次印刷
责任编辑:朴海玉
封面设计:霍 红
版式设计:袁 舒
责任校对:闻 洋 王春茹

书 号:ISBN 978-7-5591-1699-4
定 价:49.80元

联系电话:024-23284367
邮购热线:024-23284502